# SENSELLARISME

Antoni Milian i Massana (coord.)

# SENSELLARISME

## De l’assistencialisme al reconeixement de drets

**Icaria** Más Madera

Aquest llibre ha estat editat en paper 100% Amic dels boscos, provinent de boscos sostenibles i amb un procés de producció de TCF (Total Chlorin Free), per a col·laborar amb una gestió dels boscos respectuosa amb el medi ambient i econòmicament sostenible.

SANT'EGIDIO SJD Sant Joan de Déu Serveis Socials · Barcelona arrels fundació Càritas Catalunya ASSÍS



Disseny de la coberta: Noemí Giner



Primera edició: desembre de 2023
Segona edició: maig de 2025

ISBN: 978-84-19778-82-6

Dipòsit legal: B 22007-2023

Maquetació: Marina Sánchez

# SUMARI

# NOTA A LA SEGONA EDICIÓ

Aquest llibre tracta del sensellarisme, i, per fer-ho, pren com a fil conductor la Proposició de llei de mesures transitòries i urgents per a fer front i erradicar el sensellarisme.

D'ençà que es va publicar el llibre, la Proposició esmentada ha patit algunes vicissituds que, per orientar qui el llegeix i per actualitzar l'obra, convé exposar breument.

Quan el volum aparegué a les llibreries el gener del 2024, la tramitació parlamentària de la Proposició de llei havia arribat a la fase de la presentació d'esmenes a l'articulat. Amb posterioritat, una vegada acabat el termini per presentar-les, les esmenes foren publicades en el *Butlletí Oficial del Parlament de Catalunya*, núm. 781, de 4 de març de 2024. Pocs dies després, el president de la Generalitat de Catalunya dissolgué el Parlament mitjançant el Decret 60/2024, de 18 de març, i convocà eleccions, amb la qual cosa caducà la tramitació de la Proposició i aquesta decaigué.

En la legislatura actual s'ha decidit tornar a tramitar la Proposició de llei, cosa que permet que el llibre continuï gaudint de plena actualitat. El 26 de febrer de 2025, sis grups parlamentaris —Socialistes i Units per Avançar, Junts, Esquerra Republicana de Catalunya, Partit Popular de Catalunya, Comuns i Candidatura d'Unitat Popular-Defensem la Terra— van presentar al Registre General del Parlament de Catalunya, com a proposició de llei, el text que els promotors de la iniciativa els havíem lliurat perquè el tramitessin de nou. Els promotors de la Proposició l'havíem presentat una setmana abans, el dia 19 de febrer, en la compareixença tinguda davant la Comissió de Drets Socials i Inclusió per explicar-ne el contingut i demanar-ne la tramitació.

La versió actual, que és la que es tramita, és pràcticament la mateixa que la que havíem lliurat en la legislatura anterior. Únicament hi hem fet les correccions indispensables per eliminar algun error que havíem detectat i les addicions necessàries per cobrir aquelles poques llacunes que hi havíem observat. En conseqüència, allò que es diu en el llibre arran de la Proposició és plenament vigent, i només dues correccions n'afecten el contingut, cosa que s'adverteix oportunament.

En aquesta segona edició s'han afegit al final del llibre dos codis QR. Un d'ells enllaça amb el *Butlletí Oficial del Parlament de Catalunya*, núm. 172, de 10 de març de 2025, que publica el text, entrat en aquesta legislatura, de la Proposició de llei de mesures transitòries i urgents per a fer front al sensellarisme i erradicar-lo, i, per consegüent, permet consultar-lo i llegir-lo. (Cal tenir en compte que en la denominació actual de la Proposició de llei s'ha substituït «fer front i erradicar el sensellarisme» per «fer front al sensellarisme i erradicar-lo»). L'altre codi reprodueix el contingut d'un document que entregàrem als grups parlamentaris que hem pensat que pot ser útil a qui el llegeix perquè recull i justifica les correccions introduïdes ara al text de la Proposició que es tramitava en la legislatura anterior.

Juntament amb els dos codis QR esmentats, uns petits retocs en dues de les contribucions del llibre són les úniques novetats que ha calgut introduir en aquesta segona edició.

Quant als retocs, consisteixen, d'una banda, en les modificacions que, per fer-los més entenedors, s'han efectuat en els dos paràgrafs de la Presentació del llibre on s'exposen les categories de sensellarisme que abraça la Proposició de llei, ja que, de la manera com estaven redactats, no les recollien amb prou claredat i correcció; al mateix temps, s'hi ha afegit la menció de les correccions fetes en el text presentat al Parlament de Catalunya en la legislatura actual a l'apartat 2 de l'article 3 i a l'article 21, en la mesura que incideixen en allò que s'hi diu. Un altre retoc consisteix en l'afegiment de les categories operatives 5 i 6 del sensellarisme al paràgraf segon de l'apartat 1 de la contribució que explica el contingut de la Proposició. A més dels retocs mencionats, en el primer treball s'ha substituït l'expressió "sense llar" per l'expressió "sense habitatge" quan es refereix al nom de la segona categoria conceptual de la tipologia ETHOS, pel fet que és més fidel a la denominació original anglesa (*houseless*). Així mateix, s'hi ha afegit una precisió que tracta del valor hermenèutic dels dictàmens del Comitè de Drets Econòmics, Socials i Culturals [per cert, el Tribunal Constitucional ja s'ha pronunciat sobre la Llei pel dret a l'habitatge, i en l'STC 79/2024, FJ 3B, sembla apuntar un canvi doctrinal que incideix en aquesta qüestió (Migliari, 2025, p. 15-18)], s'hi actualitza que la Real Academia Española ha reconegut finalment la paraula «sinhogarismo», s'hi recullen quatre sentències recents del Tribunal Constitucional relatives a l'habitatge i s'hi incorporen tres referències noves a l'apartat de bibliografia.

Durant el temps transcorregut des de la primera edició, han tingut lloc tres relleus entre les persones que representen les entitats socials que promouen la Proposició. Em plau fer-ne esment, a fi i efecte de completar els noms de les persones que figuren en el llibre i que han contribuït de manera manifesta en la iniciativa de la Proposició de llei. Es tracta d'Eduard Sala i Paixau, director de Càritas Diocesana de Barcelona, de Lara Bogni, directora d'ASSIS Centre d'Acollida, i de Martí Batllori, vicepresident de Càritas Catalunya. També haig de fer esment de la incorporació de Guillem Fernàndez, membre de l'Equip de Comunicació i Incidència d'Arrels Fundació, a l'equip tècnic. De la revisió lingüística d'aquesta edició, n'ha tingut cura Teresa Corominas Umbert.

Antoni Milian i Massana
Barcelona – Bellaterra, 19 de març de 2025

# PRÒLEG

La concreció i el reconeixement de nous drets socials són sempre senyal de progrés civilitzatori del qual ens hem de felicitar i un missatge que les institucions continuen amatents al batec social i a les seves necessitats per reforçar la cohesió i intentar sanar aquelles ferides per on sovint el dret a una vida digna s'esmuny.

La tramitació per part del Parlament de Catalunya de la *Proposició de llei de mesures transitòries i urgents per a fer front i erradicar el sensellarisme* és indubtablement una d'aquelles sàvies decisions per necessàries, ja que vindrà a omplir un buit molt evident en matèria de drets.

Darrere del mot *sensellarisme* s'intueixen milers de trajectòries de vides trencades a causa de motius molts dispars i sovint molt personals i intransferibles. Causes que cada vegada més s'allunyen de fàcils reduccionismes i estereotips que en altres moments van ser utilitzats per explicar socialment aquest tema com a tabú i lamentablement justificar la inacció institucional davant el fenomen del sensellarisme.

Avui ja sabem que aquestes causes són molt més diverses i complexes del que còmodament pensàvem en temps no tan llunyans una majoria de la societat. Les evidències ens haurien de portar a reflexionar sobre la gran fragilitat que la major part de persones tenim davant el risc de canvis sobtats en les nostres vides (canvis econòmics, familiars, de salut, emocionals, de convivència, relacionals...) que ens poden atrapar en noves circumstàncies i rutines que ens projectin a una espiral de trencament vital.

Quan abordem el debat sobre el reconeixement de nous drets per ajudar a una vida digna, no hauríem d'argumentar la seva justificació i defensa a partir de criteris quantitatius. El dret a una vida digna no és una qüestió de números. Però, si el fenomen a erradicar té una tendència expansiva, la regulació dels drets que han d'ajudar a fer front al problema esdevé molt més urgent. Una de les evidències de les moltes mancances en l'abordatge del sensellarisme per part de les institucions públiques és precisament la manca d'un mecanisme de recompte a mode de cens d'aquesta realitat. Com en tants altres aspectes relacionats amb el sensellarisme, ha estat la iniciativa ciutadana qui ha impulsat, mitjançant associacions i entitats de referència que lluiten per erradicar aquest fenomen, mecanismes de recompte. I aquests, més enllà de la xifra concreta que avui, dos anys després de la pandèmia de la COVID-19, podria situar-se al nostre país al voltant de 20.000 persones, certifiquen una tendència inequívoca de creixement.

Com a síndica de greuges de Catalunya em sento directament interpel·lada per la realitat del sensellarisme i compromesa en contribuir, des de la institució que dirigeixo, a la seva erradicació i a la restitució plena del dret a tota persona a no viure al ras i a disposar d'una llar.

El treball de la institució del Síndic al voltant del sensellarisme ve de lluny. Des de l'informe que el 2005 es va presentar al Parlament de Catalunya sobre *El fenomen sense llar a Catalunya: persones, administracions, entitats* fins a l'actuació d'ofici oberta el 2023 *sobre l'actuació i les mesures adoptades pels ajuntaments de l'àrea metropolitana de Barcelona per atendre les persones que viuen al carrer, especialment durant l'època de fred*, hi ha un munt de treball i recomanacions, moltes de les quals esperem que amb l'aprovació de la futura llei deixin de ser vigents. Entre aquestes recomanacions fetes vull destacar:

a) la constatació de la manca de dades sobre la dimensió del fenomen i la necessitat d'endegar mecanismes per conèixer-lo amb més rigor, quantificar-lo, i poder planificar polítiques socials adequades;
b) l'aportació escassa de recursos públics destinats a l'atenció a persones sense llar a Catalunya en comparació amb la destinació a la resta d'Europa i la constatació de la necessitat d'augmentar els pressupostos socials públics en aquest àmbit, tot incloent-hi polítiques d'habitatge, prestacions econòmiques, polítiques d'ocupació i recursos residencials;
c) les carències en matèria de coordinació administrativa entre els diferents nivells de l'Administració pública, i la conveniència de millorar la coordinació entre administracions i també amb les organitzacions no lucratives;
d) la necessitat de millorar l'atenció sanitària a les persones sense llar, especialment amb relació a l'atenció a la salut mental i a la prestació farmacològica.

Hi ha en general una manca de comprensió del fenomen del sensellarisme que fa que moltes vegades l'abordatge es redueixi a qüestions estrictament materials derivades de temes com l'ocupació d'espais públics o privats per part de persones que viuen al carrer o amb l'activitat de recursos específics, com ara menjadors socials, a causa de la concentració de persones usuàries del servei en un espai públic que generen soroll, brutícia, conductes incíviques, etc.

Aquestes situacions requereixen un abordatge integral, tot considerant la dimensió social del problema des de la perspectiva de les persones que es troben al carrer, com també les de les persones veïnes i transeünts. Cal que les administracions actuïn per resoldre els problemes de salubritat, sorolls o altres molèsties en l'espai públic, però també cal assegurar que es facilita a les persones que es troben al carrer i ho necessiten orientació sobre els recursos d'acollida i allotjament existents, i que es posi al seu abast el suport social adequat.

En qualsevol cas, les solucions al sensellarisme i el repte que tenim per a la seva erradicació no es poden limitar només a aspectes materials. Els relats de vida que aquest llibre recull són, al marge de colpidors, un molt bon exemple del que sempre hauria d'impregnar el nostre treball.

La dimensió personal, el compromís en evitar que mai cap persona —i menys les que es troben en risc de fragilitat— sigui una estadística, un número d'un dels molts expedients que l'administració aborda, hauria de ser present en tot l'abordatge per erradicar el sensellarisme. Els fragments de vida que aquest llibre recull en l'apartat de reflexions són un molt bon exemple de com cal aproximar-se a aquest fenomen, sempre des de la dimensió humana, amb un rostre sempre present darrere de qualsevol cas de sensellarisme.

La restauració total o parcial de la vida trencada en persones com l'Ana, el Jordi o en Marcos només es pot plantejar des de la professionalitat, però també des de l'acompanyament integral. Un acompanyament com el que en Mohamed va trobar per començar a vèncer la por que el carrer i la solitud comporten i que li va permetre retrobar nous espais de confiança des d'on reconstruir futur.

Tots tenim una part de la nostra vida a restaurar, però certament les persones que viuen al ras ens haurien d'interpel·lar amb molta més intensitat en la seva necessitat. Una necessitat que no deixa de ser la nostra com a societat. La dignitat en el tracte reclamada per en Javier no és només la restauració de la «seva» dignitat; és també, i sobretot, la restauració d'una part de la dignitat col·lectiva malbaratada i perduda en el maltractament que reben tots els Javier pel sol fet de no tenir una llar on aixoplugar-se.

Els testimonis que aquest llibre recull haurien de ser de lectura imprescindible per a qualsevol persona que tingui aquest llibre a les mans. Són els qui millor ens poden fer entendre el perquè de la urgència d'una llei des del Parlament de Catalunya.

Expresso el meu reconeixement i agraïment a les entitats Comunitat de Sant'Egidio, Sant Joan de Déu Serveis Socials Barcelona, Arrels Fundació, Càritas Catalunya amb Càritas Diocesana de Barcelona i ASSÍS Centre d'Acollida per l'impuls de la *Proposició de llei de mesures transitòries i urgents per a fer front i erradicar el sensellarisme* i, òbviament, per la seva determinació en l'erradicació del sensellarisme, per l'acompanyament a tantes persones que han vist trencades les seves trajectòries de vida i per la feina feta amb elles per garantir una vida digna i per ajudar el conjunt de la societat a recuperar la seva dignitat malmesa davant el fenomen del sensellarisme.

Faig extensiva la felicitació als acadèmics i redactors de la proposició legislativa: Vicenç Aguado, catedràtic de Dret administratiu de la UB, Lídia Pitarch Rodríguez, doctora en Seguretat Humana i Dret Global per la UAB, i Raquel Prado Pérez i Almudena González García, professores associades de Dret administratiu de la UB, i molt especialment al director d'aquest equip i ànima del projecte, Antoni Milian i Massana, catedràtic de Dret administratiu de la UAB.

Com a síndica de greuges seguiré impulsant totes aquelles actuacions per garantir els drets a totes les persones i per l'erradicació dels fenòmens que conculquen el dret a una vida plena, convençuda que la prompta aprovació per part del Parlament de Catalunya d'aquesta Proposició de llei ens donarà més instruments i major fortalesa des d'on combatre el sensellarisme.

Esther Giménez-Salinas i Colomer
Síndica de greuges de Catalunya

# PRESENTACIÓ

# PRESENTACIÓ DEL LLIBRE. PER QUÈ CAL UNA LLEI PER A FER FRONT I ERRADICAR EL SENSELLARISME?

Antoni Milian i Massana
Catedràtic de Dret administratiu
de la Universitat Autònoma de Barcelona

## Introducció: algunes consideracions sobre el sensellarisme i les persones sense llar

El dia 25 de gener de 2022, set grups parlamentaris entraren en el Registre del Parlament de Catalunya la Proposició de llei de mesures transitòries i urgents per a fer front i erradicar el sensellarisme. Aquest és un fet summament rellevant, per raons diverses que el lector o la lectora anirà endevinant al llarg de la lectura del llibre, i que no té precedent: mai no s'havia tramitat un text legislatiu destinat específicament a remeiar la realitat de les persones que viuen sense llar.

Fins no fa gaires anys, el sensellarisme era un tema pràcticament tabú. Un fenomen fins i tot encara avui mancat de nom. El mot «sensellarisme» no compta amb el reconeixement de l'Institut d'Estudis Catalans, ni tampoc la paraula «sinhogarismo» comptava amb la reconeixença de la Real Academia Española quan tancàrem la primera edició del llibre, si bé s'utilitzen amb normalitat en els mitjans de comunicació. Un fenomen, doncs, encara massa ocult, com si no existís.

És més, la persona sense llar ha estat suspecta, i encara n'és, per a molts, de ser una persona dolenta, malfactora; un delinqüent, en definitiva. Un ésser antisocial i brut, que provoca angúnia i que és millor ignorar o marginar, i, si de cas, sancionar i privar de llibertat, perquè trastoca l'ordre públic en la seva triple dimensió: la tranquil·litat, la seguretat i la salubritat.[1] No debades, a les persones en situació de sensellarisme se les designa a casa nostra amb expressions com «vagabunds» o, a Itàlia, «barboni».

Etimològicament, «vagabund» deriva del verb «vagar», el qual, al seu torn, prové del llatí «vacare», que, entre altres, té el sentit d'estar desocupat, ociós,[2] o de la paraula «vague» (errant, indefinit), pres del llatí «vagus» o «vagabundus».[3]

El vagabund seria qui està ociós pel món, qui hi deambula sense treball permanent ni, sovint, temporal. I una persona ociosa, mancada de mitjans econòmics, és una persona perillosa, àdhuc maligna, perquè necessita apropiar-se de les coses dels altres per sobreviure. L'associació entre comportar-se com a vagabund i cometre delictes ve de molt antic, i valdria la pena estudiar fins a quin punt era una realitat. Recordem les lleis no tan llunyanes de *vagos y maleantes*.[4] Per la seva banda, el mot plural «barboni», tot i que pot reflectir un to simpàtic, més aviat estigmatitza i manifesta un aire despectiu: al·legoria de deixat i brut.[5]

Afortunadament, aquella mirada ha canviat en els darrers anys. D'una banda, la persona en situació de sensellarisme d'avui poc té a veure amb la persona vagabunda dels segles anteriors; de l'altra, hi ha ajudat el treball de les entitats socials que se n'ocupen, la feina d'algunes administracions públiques —més aviat poques— que hi intervenen i el fet que darrerament els mitjans de comunicació en parlin. Tot plegat ha fet prendre consciència del fenomen i ens ha empès a adonar-nos que la persona sense llar és una persona com qualsevol altra, de tal manera que nosaltres no tenim una naturalesa diferent, sinó que, altrament, la seva situació és una conseqüència d'una sèrie de factors externs que, si s'acomplien, podrien provocar que qualsevol de nosaltres esdevingués una persona sense llar.

I és que —i aquest és un altre factor que ha contribuït a modificar-ne la mirada i a eliminar prejudicis— avui són moltes les persones que poden esdevenir persones en situació de sensellarisme, sense ni tan sols haver pogut imaginar que això els podia succeir. Sobretot d'ençà de la crisi econòmica del 2008, hem pres consciència de la nostra fragilitat i vulnerabilitat. Pots haver tingut una vida plàcida, però només ha calgut perdre la parella, haver agafat una malaltia important i, de retruc, perdre la feina, per anar a parar al carrer. No tenim, consegüentment, una naturalesa diferent dels qui hi viuen. Simplement, anar-hi a raure ha depès de les circumstàncies que acompanyen cadascú.

El canvi de mirada ha permès finalment percebre que el sensellarisme és un fenomen que cal tractar de cara i que cal erradicar.

Amb la successiva presa de consciència hem entès que la majoria de les persones que viuen al carrer no volen estar-s'hi, contràriament a la creença mítica de molts de nosaltres, que pensàvem que hi volien romandre; hem copsat que viure i dormir al carrer genera gravíssims problemes de salut física i mental, i que afavoreix les addiccions com a recurs de fugida per vèncer l'aïllament, la soledat i el temor a què estan sotmeses aquelles persones, o hem captat que escurça manifestament l'esperança de vida, com s'ha destacat darrerament.[6] A tot això, i a altres consideracions que ara no disposo de l'espai per desenvolupar, cal afegir-hi la violència de què solen ser objecte aquelles persones.

Respecte de la violència, em cal fer un incís: explicava al començament que s'havien associat les persones en situació de sensellarisme amb persones perilloses i violentes. Doncs bé, malauradament la violència hi existeix, però, ai las, amb freqüència en el sentit invers: elles en són sovint les víctimes i no els botxins. Per corroborar-ho, només cal rememorar esdeveniments esborronadors com la mort de la Rosario Endrinal, cremada quan dormia en un caixer de la part alta de Barcelona, arran d'una bretolada criminal;[7] o, de data molt més recent, l'assassinat de tres persones mentre dormien al carrer a Barcelona durant els dies del confinament més estricte imposat per raó de la pandèmia de la COVID-19,[8] o examinar les dades estadístiques que conclouen, per exemple, que el 2021 el 46% de les persones que viuen al carrer havia estat víctima d'alguna agressió física i/o verbal a Barcelona.[9] Les paraules següents d'una dona que hi ha viscut: «Tenia por de la gent i no de l'obscuritat»[10] són concloents i testimonien obertament la presència d'aquella violència, gairebé sempre gratuïta, dels «altres». Les arrels d'aquest tipus de violència, que cal cercar en el rebuig, el menyspreu o l'odi envers les persones pobres, avui té un nom: aporofòbia.[11]

Amb tot el que acabo de dir, no hi ha cap mena de dubte que cal escometre la realitat del sensellarisme des de tots els àmbits, i fer-ho, doncs, també des de la perspectiva del dret per tal d'incorporar eines de caràcter legal que permetin revertir aquelles situacions i posar fi, així, a la realitat cruel que fueteja les persones sense llar.

## L'origen de la Proposició de llei

És en la tessitura que acabo de contar que sorgeix la Proposició de llei de mesures transitòries i urgents per a fer front i erradicar el sensellarisme (d'ara endavant, la Proposició de llei). I ho fa davant del buit legal existent en aquesta matèria. Per això, al començament he destacat que la tramitació de la Proposició de llei no tenia precedents.

La Proposició de llei és singular pel seu contingut inèdit, com més endavant explicaré, però, a la vegada, ho és també per la manera com es va gestar.

Mentre que el text d'una proposició de llei prové habitualment de la iniciativa dels grups parlamentaris, l'articulat de la Proposició de llei procedeix de la proposta de text legal que elaborà, per iniciativa pròpia, un grup acadèmic i cinc entitats socials. Aquesta proposta de text legal fou presentada als grups parlamentaris del Parlament de Catalunya perquè se la fessin seva i la tramitessin com a proposició de llei. Set grups parlamentaris dels vuit que hi ha a la cambra hi estigueren d'acord i l'entraren en el Registre com a proposició de llei perquè hi fos tramitada. Els set grups parlamentaris que la signaren i l'entraren al Parlament de Catalunya són: el Grup Parlamentari Socialistes i Units per Avançar, el Grup Parlamentari d'Esquerra Republicana, el Grup Parlamentari de Junts per Catalunya, el Grup Parlamentari de la Candidatura d'Unitat Popular - Un Nou Cicle per Guanyar, el Grup Parlamentari d'En Comú Podem, el Grup Parlamentari de Ciutadans i el Grup Mixt.

La proposta de text legal havia estat redactada per un equip acadèmic que vaig dirigir, i que estava format per Vicenç Aguado i Cudolà, catedràtic de Dret administratiu de la Universitat de Barcelona, Lídia Pitarch Rodríguez, doctora en Seguretat Humana i Dret Global per la Universitat Autònoma de Barcelona, i Raquel Prado Pérez i Almudena González García, professores associades de Dret administratiu de la Universitat de Barcelona, juntament amb l'estreta col·laboració i la implicació de cinc entitats socials: Comunitat de Sant'Egidio, Sant Joan de Déu Serveis Socials Barcelona, Arrels Fundació, Càritas Catalunya amb Càritas Diocesana de Barcelona i ASSÍS Centre d'Acollida.[12]

Com que la Proposició de llei ocupa el centre d'aquest llibre, convenia exposar-ne breument l'origen abans de prosseguir.[13]

## La finalitat del llibre

La finalitat pretesa amb l'edició del llibre és múltiple i es tradueix en cinc objectius: difondre la realitat del sensellarisme amb la cruesa que l'acompanya; justificar la necessitat indefugible i peremptòria de disposar d'una llei que s'ocupi de fer front al sensellarisme i erradicar-lo; fer conèixer i divulgar el contingut de la Proposició de llei que, amb la voluntat de fer front al sensellarisme i erradicar-lo, es tramita en el Parlament de Catalunya; empènyer, amb la difusió del llibre, la tramitació de la Proposició de llei per tal que al més aviat possible esdevingui una llei, i, finalment, deixar constància, documentant-la, de la iniciativa que ens ha de dur a l'aprovació d'una llei que atengui de soca-rel les categories de sensellarisme que fins ara han estat completament desateses.

Tenint en compte aquests objectius, més que bastir un llibre teòric que *estudiï* el sensellarisme, hem optat —i ho dic en plural, atenent que he dissenyat el llibre amb la complicitat de les cinc entitats socials abans esmentades— per preparar un petit volum que *hi reflexioni*. Amb aquesta intenció, el llibre adés adopta una perspectiva acadèmica, adés pren una mirada vivencial fruit de l'experiència. Hi ha contribucions més conceptuals, com serien les d'Adela Cortina Orts, Jaume Castro i Salvador Maneu Marcos, i n'hi ha de més descriptives. Les reflexions i els testimonis neixen de la vida quotidiana de les entitats socials implicades en el sensellarisme. En canvi, els apunts són reflexions breus fetes des de l'especialitat de l'autora o autor. El llibre no deixarà indiferent qui el llegeixi, perquè al darrere hi ha una realitat que puny.

Entre les col·laboracions, n'hi ha que es refereixen a la Proposició de llei, mentre que d'altres fan al·lusió a la llei. En algun cas, he demanat a l'autora o autor que substituís la menció de la llei per la de la Proposició de llei, atès que aquesta encara no està aprovada com a llei. En d'altres, com que la vocació de la Proposició de llei és la d'esdevenir una llei, he optat, en quedar-ne clar el sentit, per no demanar-ne la modificació.

Al final del llibre es reprodueixen, com a element documental, els discursos de la conferència de premsa que tingué lloc el dia 25 de gener de 2022 en la sala de premsa del Parlament de Catalunya, arran de l'entrada de la Proposició de llei en el Registre de la cambra. Amb la mateixa finalitat documental, també s'hi reprodueixen, a través de codis QR, el text de la Proposició de llei i les principals propostes d'addició al text de la Proposició de llei lliurades posteriorment a les diputades membres de la ponència de la Comissió de Drets Socials per si creuen oportú presentar-les com a esmenes a l'articulat i incorporar-les al text de la Proposició de llei, propostes que ha elaborat l'equip tècnic al qual em refereixo més endavant, on anomeno les persones que el componen.

## Per què cal la Proposició de llei de mesures transitòries i urgents per a fer front i erradicar el sensellarisme?

En l'apartat primer d'aquest treball i en els testimonis que recull el llibre podem copsar les raons humanitàries —que són les que realment compten— que justifiquen un text legal per intervenir en el camp del sensellarisme; ara, en aquest apartat, em proposo argumentar, des de la perspectiva jurídica, el perquè de la Proposició de llei que s'està tramitant en el Parlament de Catalunya.

### La regulació del sensellarisme habitatge insegur i habitatge inadequat i l'oblit i l'abandó del sensellarisme sense sostre o sense habitatge

Si observem l'ordenament jurídic vigent, veurem que de les quatre categories conceptuals (sense sostre, sense habitatge, habitatge insegur i habitatge inadequat) en què s'accepta majoritàriament classificar les diferents manifestacions del sensellarisme entès de manera extensa —categories que provenen de la tipologia ETHOS—,[14] la legislació només s'ha ocupat, i ho ha fet aquests darrers anys, de dues: habitatge insegur i habitatge inadequat. En canvi, ha ignorat les categories sense sostre i sense habitatge.

En relació amb l'habitatge insegur, aquests darrers anys s'han aprovat nombroses lleis, tant catalanes com estatals, per temperar o frenar les execucions hipotecàries i els desnonaments per impagament de les rendes del lloguer, o per mitigar algunes conseqüències oneroses en la pèrdua de l'habitatge (per exemple, en la dació en pagament).

Les mesures adoptades han estat empeses per la contestació social enfront de l'escandalós nombre d'execucions i desnonaments d'aquests últims anys,[15] i una bona part ha calgut sancionar-les per la necessitat imperiosa d'adequar la normativa que hi vigia a la jurisprudència del Tribunal Europeu de Drets Humans (TEDH),[16] a la jurisprudència del Tribunal de Justícia de la Unió Europea (TJUE)[17] i, més darrerament, per tractar de sintonitzar la nostra legislació amb la doctrina dels dictàmens del Comitè de Drets Econòmics, Socials i Culturals.[18] Mentre que la jurisprudència d'aquells dos tribunals vincula internament, en virtut de l'article 10.2 de la Constitució, quan s'interpreten els drets fonamentals i les llibertats que el text constitucional reconeix, i, en principi, el mateix podem dir respecte de les interpretacions dels dictàmens del Comitè de Drets Humans (STC 116/2006, de 24 d'abril), les interpretacions dels dictàmens del Comitè de Drets Econòmics, Socials i Culturals, en canvi, no tenen en general caràcter vinculant per als òrgans jurisdiccionals interns, en tant que normalment no afecten aquells drets i llibertats, sinó principis rectors (STC 32/2019, de 28 de febrer).[19]

La jurisprudència i la doctrina internacionals s'han preguntat si hi ha un dret fonamental generalitzat a l'habitatge i han analitzat els límits que la funció social de la propietat pot imposar legítimament a la lliure disponibilitat d'un habitatge per part del seu propietari.

En síntesi, crec que podríem dir de manera aproximada que, segons aquella jurisprudència i doctrina, davant de la pèrdua d'un habitatge un tribunal independent ha de poder examinar la proporcionalitat i la raonabilitat de la mesura; i el dret a l'habitatge reconegut en l'àmbit internacional es reduiria en tot cas, segons aquells pronunciaments, a determinats supòsits excepcionals en què s'estima l'obligació dels poders públics d'haver de proveir d'un habitatge, en la mesura que li ho permetin els seus recursos, a una persona o a una unitat familiar o de convivència, en apreciar una vulnerabilitat extraordinària per causa de la pèrdua de l'habitatge habitual i no disposar de mitjans per accedir a un altre habitatge.[20] Fixem-nos com aquesta jurisprudència i doctrina està estretament vinculada als supòsits de sensellarisme d'habitatge insegur.

Entre les mesures que han estat promulgades destaco les reformes processals que atorguen una protecció més gran al deutor;[21] l'obligació d'oferir una proposta de lloguer social abans d'iniciar una demanda judicial d'execució hipotecària o de desnonament quan afecta persones o unitats que no tenen alternativa d'habitatge i es troben en risc d'exclusió residencial;[22] la creació de processos de mediació per sobreendeutament...[23] Ultra això, recordem que, arran de la pandèmia de la COVID-19, des de l'Estat es van dictar mesures extraordinàries en matèria de deute hipotecari conduents a procurar la moratòria del deute en l'adquisició de l'habitatge habitual dels qui patien dificultats extraordinàries per atendre'n el pagament com a conseqüència de la crisi de la COVID-19,[24] i mesures per respondre a la situació de vulnerabilitat en què poguessin incórrer els arrendataris d'habitatge habitual com a conseqüència de circumstàncies sobrevingudes amb motiu de la crisi sanitària esmentada.[25, 26]

Totes les mesures que he assenyalat, acompanyades amb les que s'han dictat per augmentar els parcs públics d'habitatge i el nombre d'habitatges assequibles —per exemple, la creació de nous drets d'adquisició preferent a través de les figures del tanteig i retracte,[27] l'expropiació forçosa d'habitatges o de l'ús d'habitatges buits per incompliment de la funció social de la propietat[28]—, han pretès evitar la pèrdua de l'habitatge o assolir el reallotjament, tant en els casos d'execució hipotecària o desnonament per impagament de les rendes de lloguer com en el cas de les transmissions derivades d'acords de compensació o dació en pagament. Eren mesures certament imprescindibles si es volia frenar i evitar l'increment indefectible, per la via de les execucions i dels desnonaments, del nombre de persones que viuen al carrer, i impedir que hi anessin a parar famílies senceres.

El mateix propòsit d'impedir la pèrdua de l'habitatge habitual el persegueixen mesures com els lloguers socials obligatoris per a grans tenidors per extincions de contractes d'arrendament,[29] la renovació obligatòria dels contractes de lloguer social si els ocupants encara es troben en situació d'exclusió residencial[30] o la intervenció en el preu de les rendes.[31, 32]

Cal recordar que l'efectivitat del conjunt de totes les mesures adoptades no ha estat plena ni, com salta als ulls, suficient, i cal afegir que l'anul·lació d'algunes d'elles, com a conseqüència d'haver estat declarades inconstitucionals i nul·les pel Tribunal Constitucional, hi ha contribuït en bona mesura.

La causa principal de declaració d'inconstitucionalitat i nul·litat dels preceptes de la legislació catalana es troba en la circumstància d'haver infringit, segons l'intèrpret suprem de la Constitució, l'ordre constitucional de competències. Els títols competencials estatals que, d'acord amb el Tribunal Constitucional, haurien envaït aquells preceptes són, preeminentment, el de la legislació processal (art. 149.1.6 CE), el de la legislació civil (art. 149.1.8 CE) i el de les bases i coordinació de la planificació general de l'activitat econòmica (art. 149.1.13). També ha estat causa d'inconstitucionalitat el fet d'haver afectat per decret llei el dret de propietat en uns termes que impliquen transgredir els límits materials dels decrets llei establerts en els articles 86.1 de la Constitució i 64.1 de l'Estatut d'autonomia de Catalunya.

La recent llei estatal sobre l'habitatge, la Llei 12/2023, de 24 de maig, pel dret a l'habitatge, ha abordat finalment algunes de les qüestions que la legislació catalana i altres lleis autonòmiques relatives a l'habitatge havien tractat de regular, però que, tanmateix, havien quedat sense efectes en alguns casos en haver considerat el Tribunal Constitucional que envaïen les competències estatals i que, en conseqüència, crebantaven la Constitució.

Pel que fa a l'habitatge inadequat, no hi ha hagut aquests darrers anys una activitat legislativa tan intensa com la que acabo d'explicar en relació amb l'habitatge insegur. Si bé és cert que la normativa existent sobre l'habitatge inadequat tracta encara de manera incompleta aquest fenomen, la seva ordenació requereix exclusivament normes d'habitatge, i, sigui com sigui, en determinats casos es beneficia d'alguns dels instruments legals previstos, com, per exemple, les mesures de foment de la rehabilitació.[33] Amb tot, la modificació de la Llei del Parlament de Catalunya 18/2007, de 28 de desembre, del dret a l'habitatge, que ordena la disposició final vuitena de la Proposició de llei, també hauria d'aprofitar-se per adoptar mecanismes específics destinats a resoldre els casos d'infrahabitatge o assentament irregular.

Altres mesures d'habitatge que han estat aprovades aquests darrers anys tenen com a objectiu expressament confessat el de facilitar «l'emancipació dels joves» o van destinades a la gent gran.[34]

L'ona expansiva de la totalitat de mesures ressenyades, que sens dubte han beneficiat les persones en situació de sensellarisme que es corresponen amb les categories conceptuals d'habitatge insegur i, fins a cert punt, d'habitatge inadequat, amb prou feines ha estat perceptible per les persones en situacions de sense sostre i sense habitatge, que són les que abracen les dues primeres categories conceptuals de la tipologia ETHOS, i que, en general, són expressives del sensellarisme més crònic. Aquest sensellarisme pràcticament només s'ha beneficiat de les engrunes.

Així mateix, els efectes jurídics que dimanen de les escasses mencions al sensellarisme que contenen algunes lleis catalanes dictades els darrers anys són, o han estat, en bona mesura irrellevants de cara a l'obtenció d'un allotjament o d'un habitatge, atès el seu migrat o nul contingut material en relació amb aquesta finalitat.[35] La manca de contingut substantiu de les referències a les persones sense llar de la Llei del Parlament de Catalunya 18/2007, de 28 de desembre, del dret a l'habitatge, ha estat expressament reconeguda per la doctrina.[36]

La recent Llei estatal 12/2023, de 24 de maig, pel dret a l'habitatge, fa dues mencions al sensellarisme: l'una per definir-ne el fenomen (lletra l de l'art. 3), i l'altra per recordar que, com a mínim, les administracions competents han de programar mesures per afrontar-lo mitjançant la promoció de l'accés a solucions habitacionals d'allotjament en condicions adequades i la plena inclusió de les persones sense llar, i a través de possibilitar una adequada complementarietat entre les diferents polítiques, recursos i serveis, especialment en els àmbits sanitari, social, educatiu i d'ocupació (art. 14.3). D'aquest segon precepte, se'n desprèn l'obligació mínima de programar mesures de promoció per afrontar el fenomen en aquells termes, però sense establir cap garantia que n'asseguri el compliment i l'efectivitat. Així mateix, si tenim en compte la definició àmplia del sensellarisme de la lletra l de l'article 3 de la llei, ens trobem que la previsió de l'article 14.3 es dilueix entre totes les categories de sensellarisme, cosa que dissol sens dubte les poques conseqüències que la Llei 12/2023, de 24 de maig, pugui arribar a tenir per a les categories conceptuals de sensellarisme sense sostre i sense habitatge.[37]

En definitiva, les categories conceptuals sense sostre i sense habitatge es troben en general òrfenes de legislació, i, consegüentment, les persones que viuen aquestes situacions no disposen d'una normativa pròpia que les empari.

Aquesta circumstància, que contrasta amb el considerable esforç normatiu, tant català com estatal, desplegat respecte del sensellarisme insegur, explica la iniciativa d'impulsar una Proposició de llei per tal d'omplir aquell buit legal, com explica també que la Proposició de llei no abasti totes les manifestacions del sensellarisme, sinó que es limiti justament a tractar les categories conceptuals desateses fins ara: les categories sense sostre i sense habitatge.

## El tractament legal del sensellarisme sense sostre i sense habitatge

Coherent amb aquestes coordenades, la Proposició de llei determina quines són les persones que es troben en situació de sensellarisme als efectes de tot allò que regula, i que en són, per tant, els subjectes beneficiaris. Ho fa en aquests termes:

> «Article 3. Situació de sensellarisme
> 1. Als efectes del que disposa aquesta llei, les persones es troben en situació de sensellarisme:
> a) Quan viuen al ras.
> b) Quan, per la circumstància de no disposar d'una llar, pernocten en pensions, hotels, albergs, establiments residencials, allotjaments dotacionals, habitatges d'inserció, o

en algun altre tipus d'allotjament o habitatge equiparable, o en allotjaments d'emergència o d'urgència o centres de baixa exigència, amb l'ajuda de les administracions públiques de Catalunya, o d'organitzacions i entitats legalment reconegudes, o d'unions i entitats sense personalitat jurídica, i que, sense aquest ajut, viurien al ras.

2. Les persones que, d'acord amb l'apartat anterior, es troben en situació de sensellarisme coincideixen pràcticament, en el moment d'aprovar-se la llei, amb el conjunt de persones compreses en les categories operatives 1, 2 i 3 de la tipologia de situacions de privació d'habitatge denominada ETHOS (European typology of homelessness and housing exclusion) proposada per FEANTSA (Federació Europea d'Organitzacions Nacionals que Treballen amb Persones Sense Llar).»

Els subjectes beneficiaris determinats en l'apartat 1 de l'article 3 de la Proposició de llei coincideixen pràcticament amb el conjunt de persones compreses en les categories operatives 1, 2, 3, 4, 5, 6 i 7 de la tipologia ETHOS.[38] Per això, l'apartat 2 de l'article 3 de la Proposició de llei no és del tot correcte tal com està redactat, vist que només recull les categories operatives 1, 2 i 3, i caldria afegir-hi, si es vol mantenir l'apartat, cosa que ja fa el text de la Proposició de llei presentada en la legislatura actual, les categories operatives 4, 5, 6 i 7.[39]

Ara bé, si es manté l'apartat 2 de l'article 3 de la Proposició de llei, s'ha de fer constar expressament al final d'aquest apartat que queda fora de l'aplicació de la llei un dels col·lectius compresos en la categoria operativa 5. Es tracta concretament de les persones sol·licitants de protecció internacional, per tal com aquestes persones ja disposen d'una normativa pròpia i específica que els cobreix l'allotjament.[40] Quant a les persones de la categoria 6, s'han de poder beneficiar de la Proposició de llei si succeïa que es trobaven sense sostre o sense habitatge en rebre l'alta o en sortir de la institució on estaven internades (institució penitenciària, centre sanitari, centre de menors o qualsevol altre tipus de centre d'internament institucional a Catalunya).[41] En aquest sentit, cal preveure mecanismes per evitar que les persones que surten de la institució on estaven internades vagin a parar al carrer si no disposen d'un allotjament on accedir.[42]

En nombre de persones, el total de beneficiaris de la Proposició de llei seria de 11.200, si ens atenim a les xifres publicades en el Marc d'acció per a l'abordatge del sensellarisme a Catalunya 2022-2025.[43] Ara bé, les xifres recollides en el Marc d'acció corresponen a l'any 2016. Vist que aquests darrers anys ha tingut lloc a Catalunya un increment notable del sensellarisme, hi ha el convenciment que el nombre de persones beneficiàries podria rondar les 18.000.[44]

Ja he explicat el motiu pel qual la Proposició de llei només regula les categories conceptuals sense sostre i sense habitatge: que aquestes dues categories conceptuals, a diferència de les altres dues (habitatge insegur i habitatge inadequat), estan mancades de regulació. Això significa, és clar, que les persones que comprenen aquelles dues categories estan òrfenes de protecció legal. Un buit, aquest, que és inexcusable de cobrir si volem fer front al sensellarisme seriosament, sense embuts i amb eficàcia.

Però, a més, s'escau que les categories operatives de les dues primeres categories conceptuals presenten uns reptes homogenis que permeten fer-ne un tractament comú, cosa que ja no succeiria amb la majoria de les categories operatives de les altres dues categories conceptuals, si se les incorporava. Una raó afegida, doncs, que justifica plenament l'àmbit subjectiu limitat de la Proposició de llei.

Això ha permès fer un tractament coherent i integral del sensellarisme comprès en les categories conceptuals sense sostre i sense habitatge, i això mateix explica que la Proposició de llei no sigui exactament una norma d'habitatge, per bé que connecti, evidentment, amb la legislació d'habitatge i contingui preceptes que pertoquen a aquesta matèria.

Per descomptat, tothom sap que el sensellarisme és un problema de manca d'habitatge, però, al capdavall, en aquelles categories conceptuals on es comprèn en general el sensellarisme més crònic, la problemàtica no és exclusivament una qüestió d'habitatge. Cal alçapremar l'habitatge, però alhora és indispensable acompanyar-ho del suport de serveis i de mesures socials.

La Proposició de llei és conscient que per manca de recursos no és possible garantir de manera immediata un habitatge a totes les persones que es troben en situació de sensellarisme. Per afrontar aquesta circumstància, garanteix el dret subjectiu a la prestació del servei d'espai residencial digne, i admet que la figura de l'espai residencial digne pugui inicialment consistir en una de les cinc modalitats següents: pensió, hotel, alberg, establiment residencial o allotjament dotacional i habitatge d'inserció.[45]

Ara bé, sabedora que l'objectiu final és l'habitatge, la mateixa Proposició de llei disciplina, d'una banda, que les modalitats de pensió, hotel i alberg, o allotjament equiparable, han de quedar relegades en un temps prudencial —cinc anys a comptar des de l'entrada en vigor de la llei, segons l'apartat 3 de la disposició final setzena de la Proposició de llei— per a les situacions d'emergència i urgència, o bé per a casos en què motivadament la necessitat de l'espai residencial digne tingui una durada breu o consisteixi en una mesura provisional mentre no s'assigni una de les altres modalitats; i, d'altra banda, pel que fa a les modalitats d'establiment residencial o allotjament dotacional, i habitatge d'inserció, la Proposició de llei promou que es potenciï la modalitat d'habitatge d'inserció o l'accés en general a habitatges socials.

No es tracta, en cap cas, que la persona sense sostre o sense habitatge vagi recorrent cadascuna de les modalitats des d'aquelles que garanteixen menys la seva autonomia fins a la consecució d'un habitatge. Allò que es vol és que, des de la modalitat en què es trobi, pugui accedir al més aviat possible a un habitatge o, si encara no hi ha prou oferta d'habitatges socials, a un establiment residencial. Per això, davant dels migrats parcs públics d'habitatge i del baix nombre d'habitatges socials en general,[46] la Proposició disposa que el Govern de la Generalitat de Catalunya ha de presentar al Parlament de Catalunya un projecte de llei de modificació de la Llei 18/2007, de 28 de desembre, del dret a l'habitatge, per incorporar-hi mesures més incisives destinades a incrementar el nombre d'habitatges d'inserció, amb l'objectiu de poder cobrir les necessitats d'espai residencial digne de les persones en situació de sensellarisme.[47]

Amb l'entrada en vigor de la Llei estatal 12/2023, de 24 de maig, pel dret a l'habitatge, encara està més justificada aquella modificació de la Llei del Parlament de Catalunya 18/2007, de 28 de desembre, del dret a l'habitatge, amb el propòsit de fomentar l'ampliació de l'oferta d'habitatge d'inserció, social o dotacional, modificació que ha de respectar els criteris bàsics que l'article 15 de la norma estatal estableix en l'àmbit de l'ordenació territorial i urbanística, així com ha d'acomodar la regulació dels parcs públics d'habitatge a la normativa continguda en el títol III de la llei estatal.[48]

Per cert, alguns preceptes de l'article 15 de la llei estatal podrien envair les competències de la Generalitat de Catalunya en matèria d'urbanisme i en matèria d'habitatge, com a la vegada nombroses disposicions d'aquella llei sobre els parcs públics d'habitatge podrien afectar les competències en matèria d'habitatge. Així ho ha entès el Consell de Garanties Estatutàries en el recent Dictamen núm. 1/2023, de 2 d'agost, sobre la Llei 12/2023, de 24 de maig, pel dret a l'habitatge.[49]

No correspon ara i aquí debatre la qüestió competencial. En qualsevol cas, tots els preceptes de la llei estatal vigeixen plenament, i només deixarien de tenir efectes si finalment se'ls impugnava davant del Tribunal Constitucional i aquest tribunal els declarava inconstitucionals i nuls. Recordem que els recursos d'inconstitucionalitat interposats pel Defensor del Pueblo, per cinquanta diputats o cinquanta senadors, o pels governs i els parlaments autonòmics no suspenen la vigència ni l'aplicació dels preceptes impugnats.[50]

En parlar de per què cal una llei que abordi el sensellarisme més crònic, ens queda demanar-nos si no fora possible salvar el buit legal abans esmentat a través de l'adopció de normes reglamentàries i instruments administratius de naturalesa executiva, administrativa o de gestió, com ara plans, estratègies i marcs.

En la part final de la meva contribució sobre el contingut de la Proposició de llei que es publica en aquest llibre, assenyalo molt sintèticament la insuficiència d'aquells instruments per combatre de manera plena el fenomen del sensellarisme. Es tracta d'instruments que seran útils i fins i tot imprescindibles per aplicar i executar la futura llei, però no poden assumir ni la força ni el contingut necessaris per dur a bon port la lluita global i a fons contra el sensellarisme.[51] El succés ocorregut durant el primer any d'aplicació del Marc d'acció per a l'abordatge del sensellarisme a Catalunya 2022-2025, consistent a haver dedicat 8 milions d'euros que estaven pressupostats per a les persones sense llar a una altra finalitat d'exclusió social, il·lustra de manera fefaent i contundent la feblesa d'aquells instruments si no hi ha una obligació legal al darrere, ensems que evidencia el grau de desprotecció legal que senyoreja en el sensellarisme sense sostre i sense habitatge.[52]

La Proposició de llei, en promoure l'exercici de drets existents i en consagrar-ne de nous —com el dret subjectiu al servei d'espai residencial digne, el dret subjectiu al servei dels centres de baixa exigència[53] o altres drets de menys envergadura, com són els drets a obtenir un títol de transport[54] o a disposar d'un servei de consigna, de bugaderia i de dutxa[55]—, abandona el tractament merament assistencial per abraçar la lògica de la protecció legal.

Un canvi de paradigma absolutament necessari si allò que s'ambiciona és lluitar efectivament contra el sensellarisme; canvi de paradigma que ja ha començat a cristal·litzar, o que ja s'ha afermat, en altres contrades, bé sigui en el camp del sensellarisme,[56] bé en el camp de l'exclusió social en general,[57] així com també entre nosaltres en el supòsit d'algunes prestacions socials.

En concret, quant al sensellarisme, val la pena recordar que per a Escòcia i per a Anglaterra i el País de Gal·les s'han dictat lleis que garanteixen en determinats casos el dret d'accés a un refugi o allotjament a les persones en situació de sensellarisme,[58] i que a França es va adoptar la Llei 2007-290, de 5 de març de 2007, per la qual s'institueix el dret a l'allotjament oposable i s'incorporen diverses mesures a favor de la cohesió social,[59] coneguda com a Llei Dalo, llei, aquesta, que reconeix el dret a un allotjament o a un habitatge a aquelles persones que, d'acord amb les exigències determinades reglamentàriament, no estan en condicions d'accedir-hi pels seus propis mitjans o de mantenir-s'hi.

La llei francesa garanteix aquell dret a un allotjament o a un habitatge en uns termes que l'institueixen com a veritable dret subjectiu, ja que obre l'accés als tribunals en el cas que, tot i reunir els requisits per al seu reconeixement, no sigui atès o sigui denegat.[60] Fet que justifica l'expressió de *droit au logement opposable*.[61] Tanmateix, l'aplicació de la llei Dalo no està exempta de dificultats. Entre aquestes, crida l'atenció la taxa de decisions favorables relativament baixa i desigual i les pràctiques restrictives de les «comed» (comissions de mediació), així com els retards en l'accés a l'allotjament o l'habitatge. D'aquí que la llei no acabi de satisfer l'obligació de resultat que l'incumbeix.[62]

El dret a un refugi (*right to shelter*) com a dret subjectiu també el trobem reconegut, per als homes en situació de sensellarisme, dins dels Estats Units, concretament a la ciutat de Nova York, mercès a una decisió del Tribunal Suprem de l'Estat de Nova York, de 5 de desembre de 1979, dictada en l'assumpte Callahan v. Carey, assumpte que finalitzà a través d'un acord (un *consent decree*) entre les parts demandants i demandades adoptat el mes d'agost de 1981.[63]

L'aplicació i el compliment de l'acord o compromís, que recull una sèrie d'estàndards que han de satisfer els refugis o allotjaments, no han estat pacífics i han originat nombrosos processos. En els darrers anys ha estat discutida la persistent denegació de l'estabilitat de les estades en els refugis, conseqüència del criteri d'atribuir-les en molts casos, i cada vegada, per a una sola nit.[64] El dret a un refugi reconegut per als homes en situació de sensellarisme en l'assumpte Callahan fou estès, poc després —l'any 1983—, a les dones en situació de sensellarisme (assumpte Eldredge v. Koch) i per a les famílies amb fills en situació de sensellarisme (assumpte McCain v. Koch).

Recordem, abans de continuar, que el dret subjectiu, i d'aquí la seva rellevància com a garantia, confereix al titular del dret el poder, la pretensió activa,[65] que li permet exigir davant dels tribunals l'accés a la prestació del servei sobre la qual recau el dret, quan l'administració pública li desestima o no li atén la sol·licitud de la prestació, malgrat reunir totes les condicions per accedir-hi.[66]

Doncs bé, un element cabdal de la Proposició de llei de cara a garantir efectivament la prestació del servei d'espai residencial digne i algunes altres prestacions que institueix és, precisament, el fet de configurar-les com a dret subjectiu, reconeixement que, en relació amb el servei d'espai residencial digne, per a les quatre primeres modalitats (pensió, hotel, alberg i establiment residencial o allotjament dotacional) consagra a través de la seva incorporació a la Cartera de Serveis Socials com a prestacions garantides.[67] Pel que fa al règim jurídic de la modalitat dels habitatges d'inserció, la Proposició de llei es remet al règim contingut en la normativa d'habitatge, amb l'excepció del règim d'adjudicació, d'accés i de les prestacions econòmiques per al pagament del lloguer o del cost d'un altre règim d'ús, àmbits per als quals estableix una normativa pròpia.[68]

D'aquesta manera, la Proposició de llei aposta per la normativa més avançada de cara a garantir un allotjament o un habitatge a les persones que es troben en les categories conceptuals sense sostre o sense habitatge, i, en abordar el fenomen d'una manera completa i integral, esdevindrà, si finalment s'aprova, una llei efectiva a la vegada que pionera a Europa, ja que no hi ha precedents d'una regulació d'aquesta envergadura.

La Proposició de llei està en sintonia amb els compromisos internacionals adquirits per Espanya, i la seva aplicació, si s'aprova, permetrà acomplir plenament el contingut de l'article 31 de la Carta Social Europea (revisada) —instrument signat al si del Consell d'Europa i vigent a Espanya des de l'1 de juliol de 2021—[69] en la part que diu que «[p]ara garantizar el ejercicio efectivo del derecho a la vivienda, las Partes se comprometen a adoptar medidas destinadas: [...] 2. a prevenir y paliar la situación de carencia de hogar con vistas a eliminar progresivamente dicha situación», i bo i respectant la interpretació que el Comitè Europeu de Drets Socials fa d'aquest apartat 2 de l'article 31 de la Carta.[70]

Per cert, tampoc no puc estar-me de recordar, per acabar, que l'aprovació de la Proposició de llei permetrà disposar d'un instrument decisiu per poder complir el compromís volgut per la Unió Europea d'erradicar el sensellarisme no més tard del 2030.[71]

Aquest propòsit, esperonat davant de la xifra de més de 700.000 persones que al si de la Unió Europea dormen actualment al carrer o viuen en allotjaments d'emergència o temporals,[72] xifra que suposa un augment del 70% en els últims 10 anys,[73] té el germen en el principi 19 del Pilar europeu dels drets socials,[74] i el gesten les resolucions del Parlament Europeu de 24 de novembre de 2020, sobre com abordar els percentatges de persones sense llar a la Unió Europea;[75] de 21 de gener de 2021, sobre l'accés a un habitatge digne i assequible per a tothom,[76] i d'11 de maig de 2023, sobre un full de ruta cap a una Europa social: dos anys després de la Cimera Social de Porto.[77]

La posada en marxa de la Plataforma europea per combatre el sensellarisme amb la Declaració de Lisboa sobre aquesta Plataforma,[78] anunciada per la Comissió Europea en el Pla d'acció del Pilar europeu dels drets socials,[79] signada el 21 de juny de 2021, i que compta amb una proposta de programa de treball,[80] ha estat l'aportació més sobresortint de les realitzades fins ara des de les institucions de la Unió Europea per coadjuvar a assolir aquell propòsit d'erradicar el sensellarisme a tot estirar el 2030. D'acord amb la Declaració, els signants es comprometen a: «We agree to launch together the European Platform on Combatting Homelessness and to work towards the ending of homelessness by 2030 [...]» [«Acordem posar junts en marxa la Plataforma europea per combatre el sensellarisme i treballar per acabar amb el sensellarisme l'any 2030 [...]»] (p. 4).[81]

L'aprovació de la Proposició de llei com a llei és la millor contribució que Catalunya i el seu Parlament, des de les competències que ostenten, poden dur a terme envers la satisfacció d'aquella digna determinació de la Unió Europea.[82] La Proposició de llei, amb les seves obligacions i compromisos, permetrà precisament garantir el compliment de l'objectiu de la Declaració de Lisboa, un objectiu que alhora és compartit pels Objectius de Desenvolupament Sostenible (ODS) de l'Agenda 2030 per al Desenvolupament Sostenible, aprovada per l'Assemblea General de les Nacions Unides el setembre de 2015.[83]

## Agraïments

No vull cloure la presentació sense anomenar, com a agraïment a la seva tasca, les persones i les entitats socials que han col·laborat en la iniciativa de promoure una llei per a fer front i erradicar el sensellarisme, iniciativa que tinc el privilegi d'impulsar i dirigir.

En l'apartat segon d'aquest treball ja he citat les cinc entitats que s'han compromès de ple en la iniciativa. Em queda revelar les persones de cadascuna d'elles que hi han participat i que s'hi han implicat més directament: Jaume Castro, responsable de la Comunitat de Sant'Egidio a Barcelona; Meritxell Téllez, de la Comunitat de Sant'Egidio; Salvador Maneu Marcos, director de Sant Joan de Déu Serveis Socials Barcelona; Marta Tello, responsable de Comunicació de Sant Joan de Déu Serveis Socials Barcelona; Bea Fernàndez, cap del departament Jurídic d'Arrels Fundació; Ferran Busquets, director d'Arrels Fundació; Salvador Busquets Vila, director de Càritas Diocesana de Barcelona; Anna Roig Llort, cap de Comunicació i Relacions Institucionals de Càritas Diocesana de Barcelona (deixà la institució el setembre de 2022); Miriam Feu, cap del departament d'Anàlisi Social i Incidència de Càritas Diocesana de Barcelona; Maria Bramona i Collet, tècnica de Relacions Institucionals i Observatori de la Realitat Social de Càritas Diocesana de Barcelona; Sonia Lacalle Álvarez, cap del Programa d'Assessoria Jurídica Social i Acompanyament en Drets de Càritas Diocesana de Barcelona; Jesús Ruiz, director d'ASSÍS Centre d'Acollida, i Sandra Oriol, responsable de Comunicació i Incidència d'ASSÍS Centre d'Acollida.

Més amunt també he mencionat les cinc persones de l'àmbit

acadèmic que van col·laborar en la redacció del text. A elles, per descomptat, els dec agraïment, que aprofito per fer extensiu a aquelles altres persones amb les quals vaig contactar de manera puntual a fi de comentar aspectes concrets, o per demanar-los l'opinió sobre qüestions precises, del text que estàvem redactant. Es tracta d'Albert Sales, investigador a l'Institut d'Estudis Regionals i Metropolitans de Barcelona (IERMB); Joan Batlle, director de Programes Socials d'Habitatge de l'Agència de l'Habitatge de Catalunya; Cristina Moga, cap del departament de Serveis Socials de l'Ajuntament de Sant Feliu de Llobregat; Ferran Pons, professor titular de Dret administratiu de la Universitat Autònoma de Barcelona; Ricardo Esteban, professor titular de Dret del treball i de la Seguretat Social de la Universitat Autònoma de Barcelona, i Alexandre Peñalvert, professor titular de Dret administratiu de la Universitat de Barcelona.

També haig de referir-me a Eva Pich, distingida professional del dret administratiu, sòcia codirectora del despatx Manubens Advocats, perquè forma part del nou equip tècnic que hem creat per repassar la Proposició de llei amb la finalitat de suggerir a la ponència possibles esmenes que la perfeccionin i per fer el seguiment de la tramitació parlamentària. Aquest equip ha substituït el grup acadèmic que havia creat per a la redacció de la proposta de text legal, el qual, una vegada lliurada la proposta als grups parlamentaris, ja havia acomplert la seva missió.[84]

Sense la implicació i la generositat de totes les persones citades, i d'altres que més indirectament hi han donat suport, no hauria estat possible tirar endavant la iniciativa de fer la proposta de text legal que ara es tramita com a proposició de llei en el Parlament de Catalunya.

Em cal també donar les gràcies, en nom de totes les persones implicades, als set grups parlamentaris que van decidir tramitar com a proposició de llei la proposta de text legal que els vam lliurar.

Així mateix, vull fer constar l'agraïment a Lluís Bassat i

Coen i a Eugenia Carreres pels suggeriments que ens van fer de cara a difondre la iniciativa de la Proposició de llei.

Finalment, em plau agrair la generositat de les persones que han acceptat la invitació d'escriure un text per a aquest llibre i que han permès fer-lo realitat amb les seves contribucions:[85] Adela Cortina Orts, catedràtica emèrita de Filosofia Moral i Política de la Universitat de València, que ens ha lliurat el text d'una conferència TEDx sobre l'aporofòbia que pronuncià a la Universitat Politècnica de València; Norbert Bilbeny, catedràtic d'Ètica de la Universitat de Barcelona; Armand Puig i Tàrrech, professor de l'Ateneu Universitari Sant Pacià; Beatriu Bilbeny de Fortuny, metgessa de família del CAP Drassanes (Raval Sud) i membre de la Junta del Col·legi Oficial de Metges de Barcelona; Ester Busquets Alibés, professora d'Ètica de la Universitat de Vic - Universitat Central de Catalunya; Raquel Sancho Crous, de la Comunitat de Sant'Egidio; Elisabet Pratdesaba Prat, de la Comunitat de Sant'Egidio; Teresa Bermúdez Sánchez, directora del Programa d'Habitatge Compartit a Sant Joan de Déu Serveis Socials Barcelona; Javier Prieto González, director de l'Àrea d'Atenció a Persones de Sant Joan de Déu Serveis Socials Barcelona; Eduard Rafel Franquesa, director del Programa d'Habitatge Individual de Sant Joan de Déu Serveis Socials Barcelona; Guillem Fernàndez, membre de l'Equip de Comunicació i Incidència d'Arrels Fundació, i Elena Sala, directora de l'Àrea d'Atenció a les Persones d'ASSÍS Centre d'Acollida. Per bé que ja ha estat citat amb anterioritat, en relació amb el llibre vull agrair a Jaume Castro les gestions que va fer amb l'editorial Icaria, les quals han permès materialitzar aquesta edició.

No puc tancar aquesta part dedicada als agraïments sense expressar, en nom de totes les persones que han participat en aquest llibre, la nostra gratitud envers la senyora Esther Giménez-Salinas, síndica de greuges de Catalunya, per haver-nos fet l'honor de prologar-lo.

## Final

Un any i vuit mesos després d'haver entrat la Proposició de llei en el Parlament de Catalunya, la tramitació està a punt d'acabar la fase d'audiències d'organitzacions, grups socials i experts i a punt d'iniciar el tràmit de la presentació d'esmenes a l'articulat, tràmit que ha de servir per perfeccionar-ne i reforçar-ne el text. A partir de les esmenes, la ponència redactarà un informe i, sobre la base d'aquest informe, la Comissió de Drets Socials elaborarà el dictamen de la Proposició de llei per ser posteriorment debatut i votat en el Ple del Parlament.

Hem vist que hi ha poderoses raons per aprovar la Proposició de llei i per no demorar-la, atès el sofriment de les persones mancades de sostre o de habitatge, cosa que ho fa urgent i inajornable, perquè la seva situació pugna directament contra la dignitat humana. Una responsabilitat i una oportunitat, doncs, que el Parlament de Catalunya no ha de defugir.[86]

Acabo amb un fragment del preàmbul de la Proposició de llei, en el qual escriguérem, perquè n'estem convençuts, fent un paral·lelisme amb un text de Martin Luther King, el següent:

> «El sensellarisme no tan sols corroeix les persones sense llar que el pateixen directament, sinó que també corroeix moralment tota la societat que el tolera.»

És indispensable posar-hi fi.

Barcelona - Bellaterra, 25 de setembre de 2023

## Bibliografia


Aguado i Cudolà, Vicenç. (2023). El sensellarisme i l'exclusió residencial. Entre el control, els serveis socials i les polítiques d'habitatge. *Revista Catalana de Dret Públic*, *66*, 39-55. https://bityl.co/MM1p.

Arrels Fundació. (2022). *Viure al carrer a Barcelona. Radiografia d'una ciutat sense llar*, *3*. Arrels Fundació. https://bityl.co/MM1u.

Arrese Iriondo, M.ª Nieves. (2021). ARTÍCULO 5. Derecho a la libertad y a la Seguridad. Dins Iñaki Lasagabaster Herrarte (dir.), *Convenio Europeo de Derechos Humanos. Comentario sistemático* (4a ed., p. 121-226). Civitas - Thomson Reuters.

Baptista, Isabel, i Marlier, Eric. (2019). *Fighting homelessness and housing exclusion in Europe. A study of national policies, 2019.* European Social Policy Network - European Commission. Accessible a: https://bityl.co/MM21.

Bastús Ruiz, Berta. (2023). *Mecanismos para la ampliación del parque público de vivienda. El impacto de la Ley estatal por el derecho a la vivienda.* Atelier.

Bénoliel, Cécile. (2017). *CEDH et droit au logement.* https://bityl.co/MM25.

Bernabé, Mònica. (2023, 11 de juny). Dormint al carrer després de patir al carrer tres infarts i un ictus. El Govern no destina als sensellar els 8 milions d'euros que els havia reservat per a habitatges el 2022. *Ara.*

Coromines, Joan. (2008). *Breve diccionario etimológico de la lengua castellana.* RBA Coleccionables - Gredos.

Coromines, Joan. (1991). *Diccionari etimològic i complementari de la llengua catalana* (vol. IX). Curial.

Cortina, Adela. (2017). *Aporofobia, el rechazo al pobre. Un desafío para la democracia* (4a reimpressió, 2019). Paidós.

Damon, Julien. (2018). *L'exclusion* (5a ed.). Presses Universitaires de France (PUF).

Develtere, Patrick. (2022). *Data Collection Systems and Homelessness in the EU - An Overview*, Publications. Office of the European Union. Accessible a: https://bityl.co/MM28.

També publicat a Develtere, Patrick. (2022). *European Journal of Homelessness*, vol. 16, núm. 2, 207-228. https://bityl.co/MM29.

Feu, Miriam, Lacalle, Sònia, Piquemal, Cristina, Martínez Melo, Montserrat, Bramona, Maria, i López, Noemí. (2022). *Informe INSOCAT per a la millora de l'acció social, 14*. ECAS. https://bityl.co/MM2E.

Fondation Abbé Pierre - FEANTSA. (2023). *Eighth overview of housing exclusion in Europe 2023*. Fondation Abbé Pierre - FEANTSA.

García de Enterría, Eduardo, i Fernández, Tomás-Ramón. (2015). *Curso de Derecho Administrativo, II* (14a ed.). Civitas - Thomson Reuters.

Gifreu Font, Judith. (2023). El bastiment normatiu del dret a l'habitatge a Catalunya a l'empara del compliment de la funció social de la propietat. Dins Judith Gifreu Font i Albert Noguera Fernández (coord.), *Possibilitats i límits de les competències autonòmiques en matèria d'habitatge* (p. 121-184). Institut d'Estudis de l'Autogovern.

Gifreu i Font, Judith. (2023). Mecanismes de col·laboració publicoprivada per a la provisió i l'explotació econòmica d'habitatge assequible: un joc de suma positiva. *Revista Catalana de Dret Públic, 66*, 56-85. https://bityl.co/MM2J.

Guzmán, Joan (2023, 10 de maig). El sensellarisme ocult: «Tenia por de la gent i no de l'obscuritat». *Nació Digital*. https://bityl.co/MM2K.

Haute Comité pour le droit au logement. (2022). *15 ans après la Loi Dalo, un nécessaire rappel à la Loi. Bilan du droit au logement opposable*. Haute Comité pour le droit au logement. https://bityl.co/MM2L.

Lacharme, Bernard. (2013). Reconnu hier, opposable aujourd'hui, assumé demain ? Le droit au logement en France. Dins Nicolas Bernard i Bernard Hubeau (ed.), *Recht op wonen: naar een resultaatsverbintenis? Droit au logement : vers une obligation de résultat ?* (p. 31-46). Die Keure / La Charte.

López Menudo, Francisco. (2012). La situación de los servicios sociales en el actual escenario de crisis económica. Dins Antonio Ezquerra Huerva (coord.), *El marco jurídico de los servicios sociales en España. Realidad actual y perspectivas de futuro* (p. 29-46). Atelier.

López Ramón, Fernando. (2014). El derecho subjetivo a la vivienda. *Revista Española de Derecho Constitucional, 102*, 49-91.

López Ramón, Fernando. (2010). Sobre el derecho subjetivo a la vivienda. Dins Fernando López Ramón (coord.), *Construyendo*

*el derecho a la vivienda* (p. 11-24). Marcial Pons.
Macho Carro, Alberto. (2024). *Tutela multinivel del derecho a la vivienda. Posibilidades y límites en el ordenamiento español.* Centro de Estudios Políticos y Constitucionales.
Macho Carro, Alberto. (2023). La justiciabilidad del derecho a la vivienda en el ámbito internacional: el Comité Europeo de Derechos Sociales y su procedimiento de reclamaciones colectivas. *Revista Catalana de Dret Públic, 66*, 5-22. https://bityl.co/MM2O
Makay, Monika. (2023). La lucha contra la pobreza, la exclusión social y la discriminación. Parlamento Europeo. Fichas técnicas sobre la Unión Europea. https://bityl.co/MM2P.
Mialot, Camille. (2018). Diez años de la Ley DALO (derecho a la vivienda exigible) en Francia y el contexto europeo. Dins Observatorio DESC - Instituto de Investigación TransJus, *La Ley del derecho a la vivienda de Catalunya: diez años de vigencia. Balance y futuro* (p. 59-73). Aranzadi - Thomson Reuters.
Migliari, Wellington. (2025). El reconocimiento del derecho constitucional a la vivienda por la Sentencia del Tribunal Constitucional español 79/2024, de 21 de mayo: ¿hacia el nacimiento del derecho a la ciudad en España? *Revista General de Derecho Administrativo, 68*, 1-32.
Miguel Herrera, Carlos. (2009). *Les droits sociaux.* Presses Universitaires de France (PUF).
Milian i Massana, Antoni. (2023, 26 de gener). Una llei de dignitat. *El Punt Avui*, p. 32. https://bityl.co/MM2R.
Milian i Massana, Antoni. (2022, 7 de setembre). El sensellarisme al Parlament de Catalunya: una oportunitat. Secció Viure. *La Vanguardia*, p. 4. https://bityl.co/MM2W.
Milian i Massana, Antoni. (2019, 2 d'octubre). Seminari sobre l'exclusió residencial molt greu i la proposta d'un text legal per a fer-hi front. *Blog de la Revista Catalana de Dret Públic.* https://bityl.co/MM2a.
Milian i Massana, Antoni. (2018, 22 de juliol). Llei per als sensellar. *El Punt Avui*, p. 5. https://bityl.co/MM2d.
Ministerio de Transportes, Movilidad y Agenda Urbana, Dirección General de Vivienda y Suelo. (2020). *Observatorio de Vivienda y Suelo. Boletín especial vivienda social 2020.* Secretaría General Técnica. Centro de Publicaciones. https://bityl.co/MbU7.

Paleo, Natalia, i Quintiá, Andrei. (2020). Las políticas de vivienda desde una perspectiva multinivel: un análisis comparado de la legislación autonómica. Dins Natalia Paleo Mosquera (ed.), *Políticas y derecho a la vivienda. Gentes sin casa y casas sin gente* (p. 309-349). Tirant lo Blanch.

Pérez Daudí, Vicente. (2021). *Tutela efectiva y derecho a la vivienda.* Atelier.

Pitarch Rodriguez, Lídia. (2019). *Perdidas en la ciudad. Juventud sin techo en las ciudades imantadas: entre la seguridad humana y la exclusión social* [Tesi doctoral]. Universitat Autònoma de Barcelona.

Ponce Solé, Juli. (2019). *El Derecho de la Unión Europea y la vivienda. Análisis de experiencias nacionales e Internacionales.* McGraw Hill.

Ponce Solé, Juli. (2017). La tutela judicial del derecho a la vivienda y el papel del Tribunal Constitucional español: luces y sombras en el contexto europeo e internacional. Dins Josep Maria Moltó Darner i Juli Ponce Solé (coord.), *Derecho a la vivienda y función social de la propiedad. Nuevas políticas públicas en el marco del servicio público de alojamiento* (p. 43-78). Aranzadi - Thomson Reuters.

Ponce Solé, Juli, i Fernández Evangelista, Guillem. (2010). Derecho urbanístico, derecho a la vivienda y personas sin hogar. Nuevos desarrollos y perspectivas en España a la vista de las novedades europeas en la materia. *Revista de Derecho Urbanístico y Medio Ambiente*, *255*, 39-78.

Ponce Solé, Juli. (2008). El derecho a la vivienda. Nuevos desarrollos normativos y doctrinales y su reflejo en la Ley catalana 18/2007, de 28 de diciembre, del derecho a la vivienda. Dins Juli Ponce Solé i Domènec Sibina Tomàs (coord.), *El derecho de la vivienda en el siglo XXI: sus relaciones con la ordenación del territorio y el urbanismo* (p. 65-175). Marcial Pons.

Quintiá Pastrana, Andrei. (2022). *Derecho a la vivienda y vulnerabilidad. Las medidas públicas de protección frente a la emergencia social.* Aranzadi - Thomson Reuters.

Riquelme Vázquez, Pablo. (2020). La relevancia constitucional de las obligaciones de protección del derecho a una vivienda digna y adecuada emanadas del ordenamiento jurídico internacional. Dins Natalia Paleo Mosquera (ed.), *Políticas y derecho*

*a la vivienda. Gente sin casas y casas sin gente* (p. 161-182). Tirant lo Blanch.
Sales, Albert. (2023). Compasión, violencia y control social de la pobreza. *La Maleta de Portbou, 56*, 95-102.
Sales, Albert. (2016). Sensellarisme i exclusió social. De l'assistència a la prevenció. *Revista de Treball Social, 209*, 9-25.
Tornos Mas, Joaquín. (2016). La dignidad humana y el derecho a una vivienda digna. *El Cronista del Estado Social y Democrático de Derecho, 61-62*, 26-33.
Tornos Mas, Joaquín, i Galán Galán, Alfredo. (2007). *La configuración de los servicios sociales como servicio público. Derecho subjetivo de los ciudadanos a la prestación del Servicio*. Ministerio de Trabajo y Asuntos Sociales.
Tudó Cisquella, Julià. (2021). *De la presó al carrer: un estudi sobre la relació entre l'estada als centres penitenciaris i la vivència de situacions de sensellarisme a Catalunya* [Treball de fi de grau]. Universitat Pompeu Fabra - Arrels Fundació. https://bityl.co/MM2i.
Vaquer Caballería, Marcos. (2014). Derecho a la vivienda y garantía de un mínimo vital: algunas propuestas. *El Cronista del Estado Social y Democrático de Derecho, 48*, 34-39.
Vaquer Caballería, Marcos. (2011). *La eficacia y la efectividad del derecho a la vivienda en España*. Iustel.

## Notes

1. Aquesta concepció la trobem fins i tot en el Conveni per a la protecció dels drets humans i de les llibertats fonamentals, conegut com a Conveni Europeu de Drets Humans (CEDH), cosa que s'explicaria per la data en què vas ser signat, l'any 1950, temps en el qual encara prevalia aquell clixé. En concret, l'article 5 del Conveni esmenta expressament els vagabunds entre les persones que poden ser internades, conforme a dret, i, per tant, privades de llibertat i segons el procediment establert per la llei. De totes maneres, aquest supòsit que permet fer excepció a la prohibició de la privació de llibertat amb prou feines ha originat pronunciaments del Tribunal Europeu de Drets Humans (TEDH). Vegeu Arrese, 2021, p. 163.

2. Vegeu l'entrada «vagar» a Coromines, 1991, p. 15. Vegeu, també, el verb «vagar» a Coromines, 2008, p. 566.

3. Vegeu l'entrada «vague» a Coromines, 1991, p. 19. Vegeu, així mateix, el mot «vago» a Coromines, 2008, p. 566.

4. Sobre l'evolució de l'actuació administrativa amb relació al sensellarisme, vegeu Aguado, 2023, p. 42, on es fa referència a la legislació sobre ganduls i malfactors. https://bityl.co/MM2o.

5. Sobre la creació d'estereotips al voltant de la pobresa extrema i, en particular, del sensellarisme, vegeu Sales, 2023, p. 99-100.

6. La reducció de l'esperança de vida pel sol fet de viure al carrer oscil·laria entre els 15 i els 30 anys. Vegeu la intervenció del doctor Daniel Roca a la Jornada #SalutSenseLlar, organitzada pel Col·legi de Metges de Barcelona (CoMB) i tinguda el dia 6 d'octubre de 2022. https://bityl.co/MM2u.

7. Tota la premsa se'n va fer ressò. En format electrònic hem trobat: «Detenidos tres jóvenes que mataron a una indigente prendiéndole fuego en un cajero de Barcelona». *elmundo.es*, del 20 de desembre de 2005. https://bityl.co/MM2v.

El crim va tenir lloc el dia 16 de desembre. La Wikipedia hi dedica l'entrada «Asesinato de Rosario Endrinal», on es poden trobar detalls dels fets: https://bityl.co/MM35.

8. Els fets van ocórrer els dies 16, 18 i 27 d'abril de 2020. Podeu veure, per exemple, «Detingut un home per matar presumptament tres persones sense llar a Barcelona». *Público.es*, 28 d'abril de 2020. https://bityl.co/MbUF.

9. Dada que prové de l'enquesta realitzada durant el cens de les persones que viuen al carrer a Barcelona efectuat per Arrels Fundació l'any 2021. Vegeu Arrels Fundació, 2022, p. 25. https://bityl.co/MM3F.

El percentatge deu ser superior, tenint en compte que moltes persones que viuen al carrer no verbalitzen que són víctimes d'agressions i la majoria no les denuncien. Segons les dades de l'*Encuesta a las personas sin hogar - Año 2022* de l'Institut Nacional d'Estadística, el percentatge de persones sense llar víctimes d'algun tipus de delicte o agressió en el conjunt d'Espanya seria del 39,0%. Vegeu la p. 11 de les *Notas de prensa* del 19 d'octubre de 2022. https://bityl.co/

MM3H. Cal tenir en compte que l'enquesta només ofereix informació de les persones sense llar que han estat usuàries dels centres assistencials d'allotjament i/o restauració.

10. Vegeu Guzmán, 10 de maig de 2023. https://bityl.co/MM3L

11. El terme «aporofòbia» va ser encunyat per Adela Cortina Orts i es va incorporar al Diccionario de la lengua española (DLE) l'any 2017. L'Institut d'Estudis Catalans encara no l'ha reconegut en el Diccionari de la llengua catalana. Sí que apareix en el Cercaterm del Termcat i en el Portal Terminològic Valencià. Sobre l'aporofòbia podeu veure la contribució d'Adela Cortina Orts que publiquem en aquest llibre. Vegeu, així mateix, Cortina, 2017.

12. La redacció de la proposta de text legal es tancà el 14 de gener de 2021, i la versió definitiva del text fou presentada als grups parlamentaris a partir del mes d'abril del mateix any. Després de les entrevistes amb els grups parlamentaris, amb el Departament de Drets Socials i amb algunes institucions i entitats, entre les quals l'Associació de Municipis de Catalunya i la Federació Catalana de Municipis, decidírem incorporar dues modificacions al text: l'una consistí a suprimir el registre d'entitats habilitades i a eliminar aquesta tipologia d'entitats que havíem creat; l'altra, a atribuir més protagonisme a la comarca. Aquesta última versió es denominà «Nova versió definitiva» i substituí la versió definitiva, que passà a ser, així doncs, la penúltima versió.

Una versió molt primerenca de la proposta de text legal havia estat objecte de presentació en el seminari *Les persones sense llar, serveis i recursos. Una proposta legal per a fer front a l'exclusió residencial molt greu*, que tingué lloc a la Facultat de Dret de la Universitat de Barcelona el dia 10 d'octubre de 2019, seminari que tinguérem cura d'organitzar Vicenç Aguado i Cudolà i jo mateix. Vegeu Milian, 2019, 2 d'octubre. https://bityl.co/MM3R.

El punt de partença de la iniciativa el constitueix l'article «Llei per als sensellar» que vaig publicar en el diari *El Punt Avui* el dia 22 de juliol del 2018, p. 5. https://bityl.co/MM3X

13. El text de la Proposició de llei es troba publicat, i podeu consultar-lo, al *Butlletí Oficial del Parlament de Catalunya* de l'11 d'abril de 2022, p. 27-80 (XIV legislatura, tercer període, núm. 283). També podeu accedir-hi a través del codi QR que trobareu cap al final del llibre. En

realitat, el text correspon a una esmena a la totalitat aprovada en el Ple del Parlament de Catalunya del dia 6 d'abril de 2022. Que els mateixos grups parlamentaris que havien entrat al Registre del Parlament de Catalunya la Proposició de llei aprovin en el Ple una esmena a la totalitat al text que havien enregistrat dos mesos i escaig abans pot sorprendre. Es dona la circumstància, però, que, amb l'esmena a la totalitat al text de la Proposició de llei que els mateixos grups parlamentaris havien entrat al Registre, s'esmenà, en realitat, el nostre (meu) error formal d'haver fet arribar al Parlament de Catalunya per a l'entrada en el Registre la que havia estat originàriament la versió definitiva de la nostra proposta de text legal (però que després esdevingué la penúltima versió, com explico en la nota anterior), en lloc de la «Nova versió definitiva». L'esmena a la totalitat, en recollir la «Nova versió definitiva» de la nostra proposta, salva precisament aquell error comès.

14. La tipologia ETHOS (European Typology of Homelessness and Housing Exclusion), desenvolupada per FEANTSA (European Federation of National Organisations Working with the Homeless), parteix d'una conceptualització àmplia del fenomen del sensellarisme, i el classifica en 13 categories operatives que agrupa en quatre categories conceptuals: sense sostre (Roofless), categories operatives 1 i 2; sense habitatge (Houseless), categories operatives 3, 4, 5, 6 i 7; habitatge insegur (Insecure Housing), categories operatives 8, 9 i 10, i habitatge inadequat (Inadequate Housing), categories operatives 11, 12 i 13. La tipologia ETHOS podeu consultar-la a: https://bityl.co/MM3Z.

En la web, la tipologia s'hi troba en bastants idiomes. Convé advertir que no sempre les diferents versions lingüístiques han estat coincidents i, a més, alguna ha patit modificacions al llarg del temps. Nosaltres hem seguit darrerament la versió anglesa. A la discordança entre diferents versions lingüístiques m'hi refereixo *infra* en la nota 39.

15. D'acord amb les dades del Consell General del Poder Judicial, el nombre de llançaments entre l'any 2013 i l'any 2021 [la primera xifra correspon al conjunt d'Espanya, la segona al conjunt de Catalunya i la tercera a Barcelona (partit judicial)] ha estat el següent: 2013 (67.189, 16.008, 3.289); 2014 (68.091, 15.605, 3.244); 2015 (67.359, 15.556, 3.098); 2016 (63.037, 14.069, 2.691); 2017 (60.754, 13.308, 2.519); 2018 (59.671, 13.941, 2.381); 2019

(54.006, 12.446, 2.125); 2020 (29.406, 5.737, 1.028); 2021 (41.359, 9.398, 1.755). Les dades les manllevo de Feu et al., 2022, p. 14. https://bityl.co/MM3c.

Molt probablement, les xifres significativament més baixes dels anys 2020 i 2021 es deuen, en part, a les moratòries dictades amb motiu de la pandèmia de la COVID-19.

El sobreendeutament explica, en part, el gran nombre de persones desnonades. L'any 2016, la despesa mitjana per llar en habitatge va arribar a ser del 43% sobre el total dels ingressos disponibles, enfront de la mitjana del 24,5% d'Europa o del 18,8% de Portugal. Vegeu Paleo i Quintiá, 2020, p. 310.

16. Com que el Conveni Europeu de Drets Humans no consagra el dret a un habitatge digne, el TEDH s'ha aproximat al dret a un habitatge a través de l'article 8, que reconeix a tota persona el dret que se li respecti la seva vida privada i familiar i el seu domicili. També s'hi ha aproximat a través de l'article 6.1 CEDH, que garanteix el dret de tota persona a la tutela judicial, i de l'article 1 del Protocol Addicional al Conveni, que tracta de la protecció del dret de propietat.

Perquè el lector es pugui fer una idea de la jurisprudència del Tribunal, reprodueixo el fragment de dos pronunciaments: 1) Els § 22 i 23 del cas Ćosić v. Croatia, núm. 28261/06, 15 de gener de 2009, on llegim el següent: «22. In this connection the Court reiterates that the loss of one's home is a most extreme form of interference with the right to respect for the home. Any person at risk of an interference of this magnitude should in principle be able to have the proportionality and reasonableness of the measure determined by an independent tribunal in the light of the relevant principles under Article 8 of the Convention, notwithstanding that, under domestic law, his or her right of occupation has come to an end [...] 23. However, in the circumstances of the present case the applicant was not afforded such a possibility. It follows that, because of such absence of adequate procedural safeguards, there has been a violation of Article 8 of the Convention in the instant case»; i 2) el § 130 del cas Yordanova and others v. Bulgaria, núm. 25446/06, 24 d'abril de 2012: «130. The above does not mean that the authorities have an obligation under the Convention to provide housing to the applicants. Article 8 does not in terms give a right to be provided with a home (see, *Chapman*, cited above, § 99) [...] However, an obligation to secure shelter to particularly vulnerable individuals may flow from Article 8 of the Convention in exceptional cases (*ibid*; see, also, *mutatis mutandis*, *Budina v. Russia* (dec.), no. 45603/05, 18 June 2009).» Per conèixer la jurisprudència del Tribunal Europeu de Drets Humans en matèria d'habitatge fins a l'any 2017 és especialment útil el recull de Bénoliel, 2017. https://bityl.co/MM3g.

Els darrers pronunciaments del TEDH d'interès en matèria d'habitatge els constitueixen tres decisions per les quals el TEDH adopta, dins del corresponent procés, mesures provisionals que pertoquen a sol·licitants d'asil a Bèlgica, mancats d'allotjament. Vegeu la referència dels pronunciaments *infra* a la nota 40.

17. Del Tribunal de Justícia de la Unió Europea destaco la sentència de 10 de setembre de 2014, corresponent a l'assumpte C-34/13, cas Monika Kušionová c. SMART Capital, a. s. En el paràgraf 64 es fa ressò de la jurisprudència del Tribunal Europeu de Drets Humans, i en el paràgraf següent afirma que «[e]n el Derecho de la Unión, el derecho a la vivienda es un derecho fundamental garantizado por el artículo 7 de la Carta que el tribunal remitente debe tomar en consideración al aplicar la Directiva 93/13». Convé tenir present que l'article 7 de la Carta dels drets fonamentals de la Unió Europea no reconeix explícitament el dret a l'habitatge; allò que reconeix és, en termes pràcticament idèntics als de l'article 8 CEDH, el dret que té tota persona al respecte de la seva vida privada i familiar i del seu domicili. Aquella qualificació de dret fonamental continguda en la sentència no ha tingut cap continuïtat. La Carta menciona l'habitatge a l'apartat 3 de l'article 34, però es limita a reconèixer el dret «[...] a una ayuda de vivienda para garantizar una existencia digna [...] según las modalidades establecidas por el Derecho comunitario y las legislaciones y prácticas nacionales». Recordem que el TJUE ha entrat en el camp de l'habitatge en aplicar als contractes hipotecaris la Directiva 93/13/CEE del Consell, de 5 d'abril de 1993, sobre les clàusules abusives en els contractes celebrats amb consumidors. Especial ressò va tenir l'STJUE de 14 de març de 2013, assumpte C-415/11, cas

Aziz. La Directiva 93/13/CEE del Consell ha estat modificada per la Directiva (UE) 2019/2161 del Parlament Europeu i del Consell, de 27 de novembre del 2019, amb l'objectiu de modernitzar les normes de protecció dels consumidors de la Unió i millorar-ne l'aplicació.

18. Aquest Comitè coneix de les comunicacions sobre violacions dels drets enunciats en el Pacte internacional de drets econòmics, socials i culturals, i sobre l'incompliment pels estats parts de les obligacions que en dimanen. L'article 11.1 del Pacte estableix que els estats parts reconeixen el dret de tota persona a un nivell de vida adequat, que inclou alimentació, vestit i habitatge adequats. En relació amb l'habitatge, i, concretament, sobre els llançaments, el Comitè decidí que la normativa espanyola no respectava el dret a un habitatge digne en no oferir una alternativa habitacional a les famílies afectades. En analitzar l'obligació estatal d'oferir un habitatge alternatiu, el Comitè considera que l'Estat ha d'adoptar totes les mesures necessàries, en tant que li ho permetin els seus recursos, per proporcionar un altre habitatge. Quan es desallotja sense oferir un habitatge alternatiu, l'Estat ha de demostrar que considerà les circumstàncies excepcionals del cas i que, malgrat prendre les mesures raonables, fins al màxim de recursos disponibles, no pogué satisfer el dret a l'habitatge de la persona afectada. Dictamen del Comitè d'11 d'octubre de 2019 (comunicació 37/2018). Vegeu també, per exemple, el Dictamen del Comitè de 20 de juny de 2017 (comunicació 5/2015). Per a aquests dictàmens i, en general, la doctrina del Comitè de Drets Econòmics, Socials i Culturals, vegeu Pérez, 2021, p. 27-41. Per al Dictamen de 20 de juny de 2017 vegeu, així mateix, Riquelme, 2020, p. 172-181, on en fa un comentari circumstanciat. De data posterior, és interessant el Dictamen de 14 de març de 2022 (comunicació 127/2019).

19. Sobre aquesta qüestió, vegeu Pérez, 2021, p. 38-41.

20. Tota la jurisprudència i doctrina internacional que s'ha dictat, i que en virtut de l'article 10.2 de la Constitució espanyola té efectes interns (tanmateix, en l'STC 32/2019, de 28 de febrer, el Tribunal decideix no aplicar el Pacte internacional de drets econòmics, socials i culturals), afavoreix una interpretació més generosa del dret al gaudi d'un habitatge digne i adequat que l'article 47 de la Constitució espanyola reconeix a tots els espanyols, i ho fa sigui de

manera directa, o sigui a través d'algun dret fonamental com el dret a la intimitat personal i familiar de l'article 18.1 CE, o, per exemple, de l'article 8 CEDH referenciat *supra* en la nota 16.

Això no obstant, fins al dia d'avui, sobre la base del fet que l'article 47 de la Constitució està ubicat entre els principis rectors de la política social i econòmica, la jurisprudència interna nega de manera pràcticament unànime la naturalesa de dret fonamental al dret a gaudir d'un habitatge digne i adequat, i també sol negar-li, en la mesura que la legislació no li ho atribueix, la naturalesa de dret subjectiu. Tampoc l'article 26 de l'Estatut d'autonomia de Catalunya no garantiria el dret a accedir a un habitatge digne com a dret subjectiu, segons es desprèn de l'opinió del Tribunal Constitucional (STC 247/2007, de 12 de desembre, i STC 31/2010, de 28 de juny). Sobre això darrer, vegeu López Menudo, 2012, p. 34-36.

Malgrat la seva importància, no puc en aquests moments ocupar-me d'aquestes qüestions, que mereixen una reflexió i un tractament detinguts i que escapen de l'objecte d'aquesta presentació. Sobre elles hi ha un debat viu i són nombrosos els treballs que se n'ocupen. En destaco uns quants: Ponce, 2017, p. 61-77; Tornos, 2016; López Ramón, 2014, i Vaquer, 2014.

21. Article 3 de la Llei del Parlament de Catalunya 24/2015, del 29 de juliol, de mesures urgents per a afrontar l'emergència en l'àmbit de l'habitatge i la pobresa energètica, que articula un procediment judicial per a la resolució de situacions de sobreendeutament (declarat inconstitucional i nul per l'STC 13/2019, de 31 de gener). En l'àmbit estatal, les primeres mesures legislatives importants foren dictades pel Reial decret llei 27/2012, de 15 de novembre, de mesures urgents per reforçar la protecció als deutors hipotecaris, que estableix la suspensió dels llançaments sobre habitatges habituals de col·lectius especialment vulnerables, i per la Llei 1/2013, de 14 de maig, de mesures per reforçar la protecció als deutors hipotecaris, reestructuració de deute i lloguer social. De la Llei, vegeu, sobretot, els articles 1 i 7. Amb anterioritat s'havia dictat el Reial decret llei 6/2012, de 9 de març, de mesures urgents de protecció de deutors hipotecaris sense recursos, el qual contenia, entre altres, mesures per a la reestructuració del deute hipotecari

immobiliari i per a l'execució extrajudicial de béns hipotecats. La Llei 1/2013, de 14 de maig, el modificà extensament. Entre la normativa més recent, vegeu l'article 3, tres, del Reial decret llei 7/2019, d'1 de març, de mesures urgents en matèria d'habitatge i lloguer; el Reial decret llei 6/2020, de 10 de març, pel qual s'adopten determinades mesures urgents en l'àmbit econòmic i per a la protecció de la salut pública, que amplia, juntament amb una modificació subjectiva, el termini de la suspensió de llançaments prevista en l'apartat 1 de l'article 1 de la Llei 1/2013, de 14 de maig, o les modificacions introduïdes per la disposició final cinquena de la Llei 12/2023, de 24 de maig, pel dret a l'habitatge, a la Llei 1/2000, de 7 de gener, d'enjudiciament civil.

22. Article 5 de la Llei del Parlament de Catalunya 24/2015, del 29 de juliol, de mesures urgents per a afrontar l'emergència en l'àmbit de l'habitatge i la pobresa energètica. L'apartat 3 de l'article 5, rellevant als efectes de l'apartat 2, és inconstitucional i nul en haver declarat l'STC 57/2022, de 7 d'abril, la inconstitucionalitat i nul·litat de l'article 17 de la Llei del Parlament de Catalunya 11/2020, del 18 de setembre, de mesures urgents en matèria de contenció de rendes en els contractes d'arrendament d'habitatge i de modificació de la Llei 18/2007, de la Llei 24/2015 i de la Llei 4/2016, relatives a la protecció del dret a l'habitatge, que l'havia modificat. L'article 5 ha sofert nombroses modificacions des de l'entrada en vigor. Vegeu, també, l'article 16 de la Llei del Parlament de Catalunya 4/2016, del 23 de desembre, de mesures de protecció del dret a l'habitatge de les persones en risc d'exclusió residencial. La lletra d de l'apartat 4 de l'article 16 és inconstitucional i nul·la en haver declarat l'STC 57/2022, de 7 d'abril, la inconstitucionalitat i nul·litat de l'article 18 de la llei del Parlament de Catalunya 11/2020, que l'havia modificada. L'article 16 ha estat objecte d'algunes modificacions.

23. Article 2 de la Llei del Parlament de Catalunya 24/2015, del 29 de juliol, de mesures urgents per a afrontar l'emergència en l'àmbit de l'habitatge i la pobresa energètica. Vegeu també els articles 10 a 14 de la Llei del Parlament de Catalunya 4/2016, del 23 de desembre, de mesures de protecció del dret a l'habitatge de les persones en risc d'exclusió residencial. La interlocutòria TC

101/2018, de 2 d'octubre, va suspendre l'apartat 1 de l'article 10 i l'apartat 8 de l'article 14.

24. Articles 7 a 16 i disposició final primera del Reial decret llei 8/2020, de 17 de març, de mesures urgents extraordinàries per fer front a l'impacte econòmic i social de la COVID-19. Posteriorment s'incorporaren algunes ampliacions i alguns ajustaments tècnics mitjançant els articles 16, 17, 19 i la disposició final primera del Reial decret llei 11/2020, de 31 de març, pel qual s'adopten mesures urgents complementàries en l'àmbit social i econòmic per fer front a la COVID-19. La disposició final primera afegí els articles 16 bis i ter.

25. Principalment, articles 1 a 11 del Reial decret llei 11/2020, de 31 de març, pel qual s'adopten mesures urgents complementàries en l'àmbit social i econòmic per fer front a la COVID-19. Entre altres mesures, el Reial decret llei 11/2020, de 31 de març, preveié la suspensió de llançaments per a llars vulnerables sense cap alternativa residencial i la pròrroga extraordinària dels contractes d'arrendament d'habitatge habitual. Així mateix, establí mesures conduents a procurar la moratòria del deute arrendatici per a les persones arrendatàries d'habitatge habitual en situació de vulnerabilitat econòmica. Val la pena retenir del Reial decret llei l'ordre de substitució d'un programa d'ajuda, dins del Pla estatal d'habitatge 2018-2021, per un altre de nou que havia de tenir en compte les persones sense llar. L'objecte del nou programa consistia a facilitar una solució habitacional immediata, entre altres persones, a les persones sense sostre (art. 11). El Reial decret llei ha estat modificat mantes vegades. Destaco la modificació duta a terme pel Reial decret llei 37/2020, de 22 de desembre, de mesures urgents per fer front a les situacions de vulnerabilitat social i econòmica en l'àmbit de l'habitatge i en matèria de transports, perquè donà un nou redactat a l'article 1 i hi afegí un nou article 1 bis. La darrera modificació al Reial decret llei 11/2020, de 31 de març, que ha afectat els articles 1 i 1 bis, ha tingut lloc mitjançant l'article 168 del Reial decret llei 5/2023, de 28 de juny, pel qual s'adopten i prorroguen determinades mesures de resposta a les conseqüències econòmiques i socials de la guerra d'Ucraïna, de recolzament a la reconstrucció de l'illa de La Palma i a altres situacions de vulnerabilitat... Aquesta darrera

modificació ha consistit simplement a ajornar la data de finalització de les mesures extraordinàries vigents que havien estat adoptades per raó de la COVID-19. En les modificacions anteriors també s'havia anat ajornant aquella data, i en algun cas s'hi feia alguna altra modificació. Cal tenir també en compte la disposició transitòria tercera de la Llei estatal 12/2023, de 24 de maig, pel dret a l'habitatge, modificada per la disposició addicional cinquena del Reial decret llei 5/2023, de 28 de juny, en la mesura que es refereix als procediments de desnonament i als llançaments suspesos en virtut dels articles 1 i 1 bis del Reial decret llei 11/2020, de 31 de març. D'acord amb la disposició transitòria tercera, quan la part actora sigui un gran tenidor, la represa dels procediments de desnonament i de llançament suspesos queda subjecta al fet que aquella part s'hagi sotmès al procediment de conciliació o intermediació previst en la Llei d'enjudiciament civil, procediment establert en la Llei d'enjudiciament civil mercès a la modificació que li fa la disposició final cinquena de la Llei 12/2023, de 24 de maig, i que s'aplica si la part demandada o la part executada es troba en situació de vulnerabilitat econòmica.

26. Des del Govern de la Generalitat també s'adoptaren mesures extraordinàries en matèria d'habitatge amb motiu dels estralls de la COVID-19, a través del Decret llei 37/2020, de 3 de novembre, de reforç de la protecció del dret a l'habitatge davant els efectes de la pandèmia de la COVID-19. En destaco la suspensió excepcional i transitòria per motius sanitaris dels procediments de desnonament i dels llançaments que afectin llars vulnerables sense alternativa habitacional (apartat 3 de l'article únic). Aquesta mesura s'entrellaçava i en part se sobreposava amb algunes de les previsions dels reials decrets llei sobre la COVID-19 al·ludits en la nota anterior. Els tres apartats de l'article únic del Decret llei 37/2020, de 3 de novembre, han estat declarats inconstitucionals i nuls per l'STC 28/2022, de 24 de febrer.

27. Decret llei 1/2015, de 24 de març, de mesures extraordinàries i urgents per a la mobilització dels habitatges provinents de processos d'execució hipotecària, i article 3 del Decret llei 17/2019, de 23 de desembre, de mesures urgents per millorar l'accés a l'habitatge. Altres mesures adoptades pel Decret llei 17/2019 han estat decla-

rades inconstitucionals i nul·les per l'STC 16/2021, de 28 de gener.

28. Article 15 de la Llei del Parlament de Catalunya 4/2016, del 23 de desembre, de mesures de protecció del dret a l'habitatge de les persones en risc d'exclusió residencial. Els apartats 1 a 6 de l'article 15 han estat redactats per l'article 15 de la Llei del Parlament de Catalunya 1/2022, del 3 de març, de modificació de la Llei 18/2007, la Llei 24/2015 i la Llei 4/2016, per a afrontar l'emergència en l'àmbit de l'habitatge; l'apartat 3 ha estat modificat de nou per l'article 63 de la Llei 3/2023, del 16 de març, de mesures fiscals, financeres, administratives i del sector públic per al 2023. Els apartats 1 a 6 de l'article 15 havien estat declarats inconstitucionals i nuls per l'STC 16/2021, de 28 de gener, en la redacció que els havia donat l'article 6 del Decret llei 17/2019, de 23 de desembre, de mesures urgents per millorar l'accés a l'habitatge. Aquest Decret llei també va donar un nou redactat a l'apartat 8, redacció que, en l'STC 16/2021, el Tribunal Constitucional no considera que infringeixi la Constitució. Així mateix, és bo de recordar que la modificació de l'article 2.1 del Decret llei 17/2019, materialitzada pel Decret llei 1/2020, de 21 de gener, pel qual es modifica el Decret llei 17/2019, de 23 de desembre, de mesures urgents per millorar l'accés a l'habitatge, va ser considerada constitucional per l'STC 16/2021. L'STC 25/2025, de 29 de gener, ha afectat l'article 15 de la Llei 1/2022, del 3 de març.

29. Apartat primer, lletra a, de la disposició addicional primera de la Llei del Parlament de Catalunya 24/2015, del 29 de juliol, de mesures urgents per a afrontar l'emergència en l'àmbit de l'habitatge i la pobresa energètica (inconstitucional i nul en virtut de l'STC 120/2024, de 8 d'octubre). La disposició addicional primera havia estat afegida per l'article 12 de la Llei del Parlament de Catalunya 1/2022, del 3 de març, de modificació de la Llei 18/2007, la Llei 24/2015 i la Llei 4/2016, per a afrontar l'emergència en l'àmbit de l'habitatge. L'apartat 7 de l'article 5 del Decret llei 17/2019, de 23 de desembre, ja havia afegit una disposició addicional a la Llei 24/2015, del 29 de juliol, modificada posteriorment pel Decret llei 37/2020, de 3 de novembre, de reforç de la protecció del dret a l'habitatge davant els efectes de la pandèmia de la COVID-19. L'STC 16/2021, de 28 de gener, va declarar la inconstitucionalitat i nul·litat de l'apartat 7 de

l'article 5 del Decret llei 17/2019, de 23 de desembre, per disciplinar una matèria vedada als decrets llei. L'STC 28/2022, de 24 de febrer, declara la inconstitucionalitat de la modificació que havia dut a terme el Decret llei 37/2020, de 3 de novembre.

30. Article 10 de la Llei del Parlament de Catalunya 24/2015, del 29 de juliol, de mesures urgents per a afrontar l'emergència en l'àmbit de l'habitatge i la pobresa energètica (inconstitucional i nul en virtut de l'STC 120/2024, de 8 d'octubre). Aquest article havia estat afegit per l'article 11 de la Llei del Parlament de Catalunya 1/2022, del 3 de març, de modificació de la Llei 18/2007, la Llei 24/2015 i la Llei 4/2016, per a afrontar l'emergència en l'àmbit de l'habitatge. L'apartat 6 de l'article 5 del Decret llei 17/2019, de 23 de desembre, ja havia afegit un article 10 a la Llei 24/2015, del 29 de juliol, si bé va ser declarat inconstitucional i nul per l'STC 16/2021, de 28 de gener, en considerar que regulava una matèria proscrita als decrets llei.

31. Llei del Parlament de Catalunya 11/2020, del 18 de setembre, de mesures urgents en matèria de contenció de rendes en els contractes d'arrendament d'habitatge i de modificació de la Llei 18/2007, de la Llei 24/2015 i de la Llei 4/2016, relatives a la protecció del dret a l'habitatge. La majoria dels preceptes d'aquesta Llei han estat declarats inconstitucionals i nuls pel Tribunal Constitucional: STC 37/2022, de 10 de març; STC 57/2022, de 7 d'abril, i STC 118/2022, de 29 de setembre. Aquesta última sentència declara inconstitucional i nul l'article 4 del Decret llei 50/2020, de 9 de desembre, de mesures urgents per estimular la promoció d'habitatge amb protecció oficial i de noves modalitats d'allotjament en règim de lloguer, que afegia un nou apartat, el 3, a l'article 9 de la Llei del Parlament de Catalunya 11/2020. D'aquesta Llei, allò que continua essent vàlid i vigent és la part que fa referència a la declaració d'àrees amb mercat d'habitatge tens (art. 2 a 5).

De l'àmbit estatal vegeu, per exemple, l'article 46 del Reial decret llei 6/2022, de 29 de març, pel qual s'adopten mesures urgents en el marc del Pla nacional de resposta a les conseqüències econòmiques i socials de la guerra a Ucraïna, que, per contenir l'increment de les rendes dels lloguers, hi intervé mitjançant la regulació de la limitació extraordinària de l'actualització anual de la renda dels contractes d'arrendament d'habitatge. L'article 46 ha estat modificat, primer, pel Reial decret llei 11/2022, de 25 de juny, pel qual s'adopten i es prorroguen determinades mesures per respondre a les conseqüències econòmiques i socials de la guerra a Ucraïna, per fer front a situacions de vulnerabilitat social i econòmica, i per a la recuperació econòmica i social de l'illa de La Palma (art. 1.tretze), i pel Reial decret llei 20/2022, de 27 de desembre, de mesures de resposta a les conseqüències econòmiques i socials de la Guerra d'Ucraïna i de recolzament a la reconstrucció de l'illa de La Palma i a altres situacions de vulnerabilitat (art. 67), que es limitaven a ampliar el termini de compliment de l'anualitat de vigència; i, més recentment, per la disposició final sisena de la Llei estatal 12/2023, de 24 de maig, pel dret a l'habitatge, que introdueix alguna altra modificació.

De totes maneres, quant a les mesures de contenció de preus en els contractes d'arrendament d'habitatge aprovades per l'Estat, cal destacar les modificacions introduïdes a la Llei 29/1994, de 24 de novembre, d'arrendaments urbans, per la disposició final primera de la Llei 12/2023, de 24 de maig, pel dret a l'habitatge.

Amb anterioritat a les normes estatals indicades, el Reial decret llei 7/2019, d'1 de març, de mesures urgents en matèria d'habitatge i lloguer, havia estès els terminis de la pròrroga obligatòria i modificat la pròrroga tàcita dels contractes d'arrendament d'habitatge (art. 1, quatre i cinc).

La intervenció en el preu de les rendes, ultra facilitar la renovació del lloguer, afavoreix l'increment de l'oferta d'habitatge assequible i, en general, l'accés a l'habitatge en evitar el creixement desmesurat del preu de les rendes del lloguer.

32. Un estudi de les diferents mesures d'intervenció administrativa adoptades per mobilitzar habitatge a preus assequibles podeu consultar-lo a Quintiá, 2022, p. 147-263.

33. Probablement podem encasellar com a mesura relacionada amb els habitatges inadequats alguna de les contingudes en el Decret llei 50/2020, de 9 de desembre, de mesures urgents per estimular la promoció d'habitatge amb protecció oficial i de noves modalitats d'allotjament en règim de lloguer.

34. Ho manifesta, per exemple, l'exposició de motius del Decret llei 50/2020, de 9 de desembre, de mesures urgents per estimular la promoció d'habitatge amb protecció oficial i de noves modalitats d'allotjament en règim de lloguer.

35. Es tracta de l'article 7, lletra c, i la prestació del servei 1.1.3.2 de l'annex de la llei, en connexió amb el desplegament que en fa la Cartera de Serveis Socials, de la Llei del Parlament de Catalunya 12/2007, d'11 d'octubre, de serveis socials; dels articles 3, lletra j i lletra m; 12.2, lletra f; 14.5, lletra a, i 70.2 de la Llei del Parlament de Catalunya 18/2007, de 28 de desembre, del dret a l'habitatge (la Llei del Parlament de Catalunya 9/2011, de 29 de desembre, de promoció de l'activitat econòmica, va suprimir l'esment de les persones sense llar de l'article 95.4, lletra b, de la Llei 18/2007, de 28 de desembre), i dels articles 1.3, lletra h; 4, lletra d; 11.3, i 14.1 i 2, lletra a, de la Llei del Parlament de Catalunya 19/2020, del 30 de desembre, d'igualtat de tracte i no-discriminació. A les persones sense llar també s'hi refereix l'article 7.1, lletra e, de la Llei 14/2017, del 20 de juliol, de la renda garantida de ciutadania.

Els articles més rellevants als nostres efectes serien l'article 70.2 de la Llei 18/2007, de 28 de desembre, l'article 14.1 i 2, lletra a, de la Llei 19/2020, del 30 de desembre, i la prestació que correspon al servei 1.1.3.2 de l'annex de la Llei 12/2007, d'11 d'octubre, que és el servei de residència temporal per a persones adultes en situació de marginació («d'exclusió social», diu la Cartera de Serveis Socials). Aquest servei està qualificat com a servei social bàsic i com a prestació garantida i, segons la descripció de la Cartera, també pot abraçar les persones que no disposen d'habitatge. Això no obstant, no ens consta que per a les persones en situació de sensellarisme hagi tingut gaire aplicació. En realitat, no és un servei específic pensat per a aquestes persones, sinó que pretén cobrir diverses situacions, de manera que hi queden diluïdes i el servei se'ls fa fonedís. En la Cartera de Serveis Socials trobem, així mateix, la prestació 1.1.3.1, que correspon al servei d'acolliment residencial d'urgència. A aquest servei també s'hi podrien acollir les persones en situació de sensellarisme, encara que en cap cas les esmenti expressament. Però la gran varietat de casos que permet abastar i el seu supòsit d'aplicació fan, segons ens consta, que en aquest camp tampoc no hagi tingut relleu. Destaquem, a més, que ambdós serveis són d'estada limitada: l'un, servei de residència *temporal*, i l'altre, servei d'acolliment residencial d'*urgència*, i el sensellarime precisa sobretot serveis de caràcter permanent mentre els beneficiaris estiguin en aquesta situació. La manca d'aplicació dels serveis que comento en el camp del sensellarisme també s'explicaria pel fet que «[...] los municipios catalanes mayoritariamente han decidido no ofrecer una prestación de servicio sino una prestación económica de urgencia social, la cual está reconocida en el punto 2.3 de la misma Cartera (sujeta a créditos presupuestarios disponibles) [...] Esta decisión, en la práctica, se ha traducido en el financiamiento de plazas en pensiones u hostales, sólo para algunas noches o para estancias cortas, en vez de crear diferentes recursos residenciales para hacer frente a las diversas problemáticas que contempla el concepto de personas sin hogar». Vegeu Ponce i Fernández, 2010, p. 64 i 65.

La Llei estatal 15/2022, de 12 de juliol, integral per a la igualtat de tracte i la no-discriminació, també té interès per evitar que les persones en situació de sensellarisme siguin víctimes de discriminació, especialment en l'atenció sanitària i en la prestació dels serveis socials (art. 15 i 16), i per lluitar contra la creació d'entorns intimidatoris, hostils, degradants, humiliants o ofensius, però tampoc no aporta cap canvi significatiu en relació amb l'accés a l'habitatge pel sensellarisme més crònic.

36. Bo i comentant les previsions de la llei relatives a les persones sense llar, Juli Ponce admet que «la Ley no se sitúa en la línia de las más modernas legislaciones europeas mencionadas y, lejos de establecer concretos derechos de alojamiento y correlativas obligaciones exigibles judicialmente, se limita a definir el fenómeno y conectarlo con algunas previsiones legales [...]». Ponce, 2008, p. 159.

37. Els efectes més positius poden eixir indirectament —m'hi refereixo més endavant— de les mesures de la llei que intenten incrementar els parcs públics d'habitatge i l'oferta d'habitatge assequible. En qualsevol cas, la falta de concreció i de regles específiques que puguin beneficiar les persones en situació de sensellarisme sense sostre i sense habitatge corrobora la necessitat d'una regulació com la de la Proposició de llei.

38. Recordem que les categories conceptuals sense sostre i sense

habitatge engloben les set primeres categories operatives (vegeu *supra* la nota 14). Aquestes set categories operatives són les següents (en prenc la versió anglesa): 1. People living rough, 2. People in emergency accommodation, 3. People in accommodation for the homeless, 4. People in women's shelter, 5. People in accommodation for immigrants, 6. People due to be released from institutions, 7. People receiving longer-term support (due to homelessness). La tipologia ETHOS és una classificació del fenomen del sensellarisme que compta a Europa amb una àmplia acceptació per part de les administracions públiques i de les entitats sense ànim de lucre que treballen en el sector.

39. L'apartat 2 de l'article 3 de la Proposició de llei connectava els subjectes de l'apartat 1 amb la tipologia ETHOS, però ho feia de manera incompleta, atés que només s'hi mencionaven, com hem pogut llegir, les categories operatives 1, 2, 3, i s'hi haurien d'incloure també les categories operatives 4, 5, 6 i 7 per tal que les persones compreses en l'apartat 1 coincideixin amb les persones compreses en les categories recollides en l'apartat 2. L'error de no mencionar les categories operatives 4, 5, 6 i 7 en l'apartat 2 va ser induït, en part, per les discordances que hi havia entre les versions anglesa, castellana i catalana de la tipologia ETHOS (vegeu *supra* la nota 14). Aquesta mancança de no haver incorporat les categories operatives 4, 5, 6 i 7 en l'apartat 2 de l'article 3, així com la necessitat d'afegir-les-hi, les vam advertir als membres de la ponència que tramitava la Proposició de llei perquè ho tinguessin en compte. Ara, en el text de la Proposició de llei presentada en la legislatura actual s'ha corregit aquell defecte, de tal manera que en l'apartat 2 de l'article 3 ja es fa referència a les set primeres categories operatives de la tipologia ETHOS i no tan sols a les tres primeres.

40. Directiva 2013/33/UE, del Parlament Europeu i del Consell, de 26 de juny de 2013, per la qual s'aproven normes per a l'acollida dels sol·licitants de protecció internacional (text refós). D'aquesta Directiva interessen especialment l'apartat 22 de l'exposició de motius i els articles 2, lletra g, 3.1, 12, 17, 18 i 20. També cal tenir present l'article 11. La lletra g de l'article 2 deixa ben clar —perquè ho diu expressament— que les condicions materials d'acollida inclouen l'allotjament.

En el nostre dret intern, els serveis d'acollida es troben reconeguts a l'article 31 de la Llei 12/2009, de 30 d'octubre, reguladora del dret d'asil i de la protecció subsidiària. L'apartat 1 d'aquest article ha estat modificat, primer, per la disposició final dissetena de la Llei 22/2021, de 28 de desembre, de pressupostos generals de l'Estat per a l'any 2022, i, posteriorment, per la disposició final setena del Reial decret llei 10/2022, de 13 de maig, pel qual s'estableix amb caràcter temporal un mecanisme d'ajust de costos de producció per a la reducció del preu de l'electricitat en el mercat majorista. La Llei 12/2009, de 30 d'octubre, es limita a especificar les formes de prestació dels serveis d'acollida i a regular parcialment la forma de prestació indirecta consistent en l'autorització de l'acció concertada. La llei remet la regulació detallada del sistema d'acollida al reglament, el qual trobem actualment en el Reial decret 220/2022, de 29 de març, pel qual s'aprova el reglament que regula el sistema d'acollida en matèria de protecció internacional.

No tots els estats respecten les obligacions que dimanen de la Directiva 2013/33/UE. El TEDH adoptà, en el cas Camara c. Belgique, núm. 49255/22, de 31 d'octubre de 2022, una mesura provisional per la qual ordena l'Estat belga a fornir el demandant d'un allotjament d'urgència i una assistència material per fer front a les seves necessitats elementals i, d'aquesta manera, executar la decisió del Tribunal de treball francòfon de Brussel·les. Aquest Tribunal havia ordenat assegurar l'allotjament del recurrent en un centre d'acollida, o en un hotel o en qualsevol altre establiment adaptat en defecte de plaça disponible. Em sembla interessant destacar el fet que la manca de places en els centres d'acollida no justificava poder-lo deixar al carrer. A aquesta decisió, n'han seguit dues més de similars: casos Msallem et 147 autres c. Belgique, núm. 48987/22 i altres 147, de 15 de novembre de 2022; i Al-Shujaa et autres c. Belgique, núm. 52208/22 i altres 142, de 13 de desembre de 2022.

41. Si el menor que surt d'un centre de menors, o l'abandona, encara no té la majoria d'edat, se li aplicarà la legislació sobre els infants i els adolescents (art. 4.2 de la Proposició de llei).

42. L'article 21 de la Proposició de llei se n'ocupava únicament per a aquelles persones en situació de sensellarisme que són objecte

d'alta o de sortida dels centres, serveis i establiments sanitaris de Catalunya. El text de la Proposició de llei que es tramita en la legislatura actual també estableix previsions per a les persones que surten de les institucions penitenciàries i dels centres de menors en complir la majoria d'edat, així com de qualsevol altre tipus de centre d'internament institucional a Catalunya. Sobre la sortida de la presó i la vivència de situacions de sensellarisme podeu veure Tudó, 2021. https://bityl.co/MM3v

43. Desglossades en funció de les categories operatives, el nombre de persones que corresponen a cadascuna és el següent: 2.531 persones correspondrien a la categoria operativa 1, 3.246 a la categoria 2, 2.219 a la categoria 3, 404 a la categoria 4, 167 a la categoria 5, 156 a la categoria 6 i 2.477 a la categoria 7. Vegeu Generalitat de Catalunya. Departament de Drets Socials. *Marc d'acció per a l'abordatge del sensellarisme a Catalunya 2022-2025*, p. 9 i 10. https://bityl.co/MM43.

44. Aquesta és l'estimació feta l'any 2022 per les cinc entitats impulsores de la Proposició de llei. No disposem de dades exactes, perquè encara ens manca un sistema de recomptes institucionalitzat i general. A aquesta mancança hi vol donar resposta l'article 24 de la Proposició de llei.

45. Article 12 de la Proposició de llei. Vegeu-ne també la lletra a de l'article 5 i les disposicions finals primera i segona. D'acord amb l'apartat 2 de la disposició final setzena, el dret subjectiu a la prestació del servei d'espai residencial digne ha de tenir plens efectes un cop transcorreguts dos anys a comptar des de l'entrada en vigor de la llei.

46. Per exemple, en el preàmbul del Decret llei 17/2019, de 23 de desembre, llegim el següent: «Malgrat que el parc d'habitatge destinat a polítiques socials de què disposa l'Administració de la Generalitat de Catalunya s'ha incrementat els darrers anys, si s'hi addiciona el parc corresponent que gestionen els municipis, s'observa que el conjunt se situa al voltant del 2 per cent del parc d'habitatge existent a Catalunya i, per tant, lluny de la mitjana dels principals països de la Unió Europea.» En alguns països europeus, el percentatge giraria a l'entorn del 15%. Així ho reconeix el preàmbul de la Llei estatal 12/2023, de 24 de maig: «[...] porcentajes sensiblemente superiores

al 15% registrados en algunos de los principales países de nuestro entorno, como Francia, Reino Unido, Suecia, Países Bajos, Austria o Dinamarca, considerando el total del parque de vivienda social». En realitat, en alguns d'aquests països el percentatge és bastant més elevat: Països Baixos, 30%; Àustria, 24%, i Dinamarca, 20,9%. El percentatge d'Espanya seria del 2,5%. La mitjana dels països de la Unió Europea més el Regne Unit se situa a l'entorn del 9%. Aquests percentatges els manllevo de Ministerio de Transportes, Movilidad y Agenda Urbana, Dirección General de Vivienda y Suelo, 2020, p. 31. https://bityl.co/MbU7.

La migradesa del parc públic d'habitatge ha estat qualificada com el dèficit més preocupant: «El dèficit estructural més preocupant es produeix en relació amb el volum del parc públic d'habitatge a Espanya (2,5%) [...].» Vegeu Gifreu, 2023, p. 81. https://bityl.co/MM46.

Val la pena recordar l'escassetat de recursos públics que a Espanya es dediquen a les polítiques d'habitatge, fins al punt que «[e]l gasto público en vivienda supuso un escaso 0,15% del PIB español, frente a la media europea (de los 27) del 0,60% (EUROSTAT), es decir tres veces por encima». Vegeu Paleo i Quintiá, 2020, p. 318-319. Aquest treball aporta una sèrie de taules que permeten comparar els trets essencials de la legislació sobre habitatge de les diferents comunitats autònomes.

Afegim que durant molts anys les polítiques d'habitatge protegit a Espanya concebien «[...] el fomento de la construcción de viviendas como vía de desarrollo económico general, lo que requiere en buena medida prescindir de las clases marginadas y dirigirse a las amplias clases medias para que adquieran la propiedad de dichas viviendas protegidas» (López Ramón, 2010, p. 19 i 20).

47. Apartat 3 de la disposició final vuitena. Amb la voluntat idèntica d'incrementar els habitatges d'inserció, l'apartat 8 de l'article 12 de la Proposició de llei es remet, per activar-los, als mandats escassament atesos dels apartats 1 i 2 de l'article 70 de la Llei del Parlament de Catalunya 18/2007, de 28 de desembre.

48. Així mateix, la Llei estatal 12/2023, de 24 de maig, basteix altres instruments concrets cridats a col·laborar en la finalitat d'ampliar en

general l'oferta d'habitatge a preus adequats i assequibles. Per exemple, l'habitatge assequible incentivat de l'article 17 i el fons d'habitatge assequible de l'article 25. Des de la política fiscal, els recàrrecs sobre la quota líquida de l'impost sobre béns immobles en el supòsit d'immobles d'ús residencial que es trobin desocupats, que els ajuntaments poden exigir i que preveu la disposició final tercera de la mateixa Llei 12/2023, de 24 de maig, constitueixen una altra mesura que també està cridada a incrementar l'oferta d'habitatge. Hi afegim que la disposició transitòria segona de la llei estatal estableix com a referència general el compromís d'assolir, en el termini de 20 anys, un parc mínim d'habitatges destinats a polítiques socials del 20% respecte del total de llars que resideixen en els municipis en què s'hagin declarat zones de mercat residencial tensionat. Sobre el règim jurídic dels parcs públics d'habitatge i l'ampliació dels parcs, vegeu Bastús, 2023.

49. En el dictamen del Consell de Garanties Estatutàries també hi ha altres preceptes de la Llei 12/2023, de 24 de maig, que es consideren inconstitucionals. Podeu consultar el dictamen a: https://bityl.co/MM49.

50. Article 30 de la Llei orgànica 2/1979, de 3 d'octubre, del Tribunal Constitucional.

Amb posterioritat al tancament del llibre, han estat admesos a tràmit pel Ple del Tribunal Constitucional cinc recursos d'inconstitucionalitat contra diversos articles de la Llei estatal 12/2023, de 24 de maig, pel dret a l'habitatge. Un d'aquests recursos l'ha promogut el Parlament de Catalunya. D'ençà de la primera edició del llibre, el Tribunal Constitucional ha dictat l'STC 79/2024, de 21 de maig, que afecta els articles 16, 19, 27 i la disposició transitòria primera d'aquella llei, i l'STC 26/2025, de 29 de gener, que n'afecta la disposició final cinquena.

51. En aquest sentit, per exemple, el programa 3 del Pla estatal per a l'accés a l'habitatge 2022-2025, titulat «Programa de ayuda a las víctimas de violencia de género, personas objeto de desahucio de su vivienda habitual, personas sin hogar y otras personas especialmente vulnerables», és un tipus d'eina valuosa per pal·liar la situació de persones sense llar concretes considerades individualment, però, tot i oferir solucions habitacionals, tant pel seu contingut com pels

límits pressupostaris, no reuneix ni de bon tros l'armadura capaç d'afrontar de manera global i eficaç el problema del sensellarisme. La regulació del Pla es troba en el Reial decret 42/2022, de 18 de gener, pel qual es regula el Bono Alquiler Joven i el Pla estatal per a l'accés a l'habitatge 2022-2025.

52. «[...] els 8 milions d'euros previstos el 2022 per a lloguer i compra d'habitatges per a persones sense llar es van destinar a "altres programes per atendre l'exclusió social residencial" però no a aquest col·lectiu, segons l'Agència de l'Habitatge de Catalunya, malgrat que era la primera vegada que hi havia una partida pressupostària per a aquest objectiu». Vegeu Bernabé, 11 de juny de 2023, p. 7.

53. Articles 13 i 27 i disposicions finals primera i segona.

54. Articles 14 i 28, i paràgrafs tercer i quart, *in fine*, de l'article 12.5.

55. Articles 14 i 30.

56. En relació amb la Llei Dalo, que comento tot seguit, s'ha afirmat que: «[...] au moins mettait-elle fin à l'irresponsabilité, faisant passer le droit au logement du domaine des objectifs politiques à celui des obligations juridiques». Lacharme, 2013, p. 37.

57. Així esdevingué a França a partir de la Llei d'orientació, de 29 de juliol de 1998, relativa a la lluita contra les exclusions, llei que, com ha estat subratllat, «[...] vise à sortir de la simple logique d'assistance au bénéfice d'une logique d'accès aux droits». Vegeu Damon, 2018, p. 55.

58. Per a Escòcia, a partir de la *Housing Scotland Act* de 2001 i la *Homelessness Scotland Act* de 2003. Per a Anglaterra i el País de Gal·les, a partir de la *Housing Act* de 1996. A aquestes lleis s'hi refereixen, per destacar-les, Ponce i Fernández, 2010, p. 55 i 56. També les menciona Vaquer, 2011, p. 59. Són importants les modificacions operades per la *Homelessness Reduction Act* de 2017 i la *Domestic Abuse Act* de 2021.

59. *Loi nº 2007-290, du 5 mars 2007, instituant le droit au logement opposable et portant diverses mesures en faveur de la cohésion sociale*, publicada al *Journal Officiel de la République Française* del 6 de març de 2007. Aquesta llei ha estat modificada diverses vegades.

60. «La loi Dalo a ouvert en 2008 une voie de recours permettant aux personnes mal-logées de faire garantir par l'Etat leur droit au logement en fixant à celui-ci une obligation de résultat.» Haut

Comité pour le droit au logement — La Grande Arche, *Le Dalo logement en 2022*, p. 1.

Per als primers deu anys d'aplicació de la llei, vegeu Mialot, 2018, p. 59-73. A la Llei Dalo s'hi ha referit, entre nosaltres, Ponce, 2017, p. 66-67.

61. La Llei Dalo és rellevant no només per la seva aposta envers el dret subjectiu, sinó també perquè ajuda a desmuntar el mite que els drets socials no són exigibles davant dels tribunals: «L'importance de ce dispositif est peut-être culturelle, et réside dans le fait d'écorner encore un peu le mythe que les droits sociaux de prestations, par leurs caractéristiques, ne seraient pas opposables.» Vegeu Miguel, 2009, p. 85.

62. Ho reconeix l'Haut Comité pour le droit au logement amb aquestes paraules: «L'État doit fournir les moyens humains et financiers permettant d'appliquer la loi sur le Droit au logement opposable et répondre à l'obligation de résultat qui lui incombe.» Haut Comité pour le droit au logement, 2022, p. 32. En aquest informe trobareu un balanç extens de l'aplicació de la llei. https://bityl.co/MM4H.

63. El text del Callahan Consent Decree podeu consultar-lo a: https://bityl.co/MM4M.

64. Sobre les vicissituds legals del Callahan Consent Decree, podeu consultar el text *The Callahan Legacy: Callahan v. Carey and the Legal Right to Shelter*. https://bityl.co/MM54.

Una exposició detallada del cas Callahan v. Carey que, a la vegada, també explica algunes de les raons del èxits i dels fracassos del sistema, podeu llegir-la a Pitarch, 2019, p. 99-103. https://bityl.co/MM5J.

El dret a un refugi, reconegut aïlladament, no ha estat suficient per solucionar el problema del sensellarisme. El juny del 2023 a Nova York —ciutat que el 2020, segons dades censals, tenia 8,8 milions d'habitants— hi havia 84.526 persones sense llar que dormien en refugis majoritàriament municipals, de les quals 27.530 eren infants. També en relació amb Nova York, és rellevant la dada que el nombre de persones que dorm en els refugis municipals ha augmentat un 66% en els darrers 10 anys. Vegeu Coalition for the Homeless, *Basic Facts About Homelessness: New York City*. https://bityl.co/MM5L.

Entre nosaltres, Albert Sales ja s'havia mostrat molt crític amb el model novaiorquès dels refugis (Sales, 2016, p. 11). Més recentment, Vicenç Aguado ha fet esment del cas Callahan v. Carey per remarcar la base legal que fonamentà la decisió (Aguado, 2023, p. 45, nota 8). Concretament, el Tribunal Suprem de l'Estat de Nova York extreu el *right to shelter* a partir de la secció primera de l'article 17 de la Constitució de l'Estat de Nova York, que estableix el següent: «Section 1. The aid, care and support of the needy are public concerns and shall be provided by the state and by such of its subdivisions, and in such manner and by such means, as the legislature may from time to time determine.»

65. Expressió emprada per Eduardo García de Enterría i Tomás-Ramón Fernández en perfilar el concepte de dret subjectiu enfront de l'administració: «[...] el administrado es titular de derechos subjetivos frente a la Administración en dos supuestos típicos: 1º Cuando ostenta *pretensiones activas* frente a la Administración para la consecución de prestaciones patrimoniales [...]» (la cursiva és meva). Vegeu García de Enterría i Fernández, 2015, p. 54. La figura del dret subjectiu té l'origen en el dret privat i resulta aplicable en el dret administratiu.

66. Com recorden Joaquín Tornos Mas i Alfredo Galán Galán, «[...] si la ley ha reconocido una determinada prestación como un derecho subjetivo [...] sería posible ejercitar una acción judicial de condena, de forma que la pretensión consistiera en la declaración de nulidad del acto denegatorio y la condena a la Administración de proceder a otorgar en un plazo determinado la prestación solicitada». Vegeu Tornos i Galán, 2007, p. 56. En paraules d'Eduardo García de Enterría y Tomás-Ramón Fernández, la figura del dret subjectiu «[...] se edifica sobre el reconocimiento por el Derecho de un poder en favor de un sujeto concreto que puede hacer valer frente a otros sujetos, imponiéndoles obligaciones o deberes, en su interés propio, reconocimiento que implica la tutela judicial de dicha posición». Vegeu García de Enterría i Fernández, 2015, p. 36. Joaquín Tornos Mas i Alfredo Galán Galán recorden en l'obra citada en aquesta nota que «[e]l reconocimiento de un derecho subjetivo a las prestaciones propias de los servicios sociales se construye a través de la delimita-

ción de cuatro elementos esenciales: los sujetos titulares del derecho, los requisitos objetivos de acceso a la prestación, el contenido de las prestaciones a las que se tiene derecho, y el carácter gratuito o no de esta prestación» (Tornos i Galán, 2007, p. 48 i 49).

67. Apartat 5 de l'article 12 i disposició final segona. Convé subratllar que, d'acord amb l'article 2.1 del Decret 142/2010, d'11 d'octubre, pel qual s'aprova la Cartera de Serveis Socials 2010-2011, «[l]es prestacions garantides de la Cartera de Serveis Socials són exigibles com a dret subjectiu». Per tal de reblar-ho i garantir-ho, l'article 2.1 afegeix tot seguit que «[e]ls crèdits que la Generalitat consigni en els seus pressupostos per finançar les prestacions garantides són ampliables, d'acord amb el que estableixi la llei de pressupostos corresponent».

68. Per a aquests tres àmbits és d'aplicació allò que estableixen les disposicions finals vuitena, novena i desena de la Proposició de llei (apartat 6 de l'article 12 de la Proposició de llei).

69. Espanya també ha ratificat el Protocol Addicional a la Carta Social Europea, en el qual s'estableix un sistema de reclamacions col·lectives. El Protocol entrà en vigor l'1 de desembre de 2022, després d'un període d'aplicació provisional. Les reclamacions col·lectives són examinades pel Comitè Europeu de Drets Socials, que n'emet decisions (informes) i conclusions.

70. Una síntesi de la doctrina del Comitè Europeu de Drets Socials sobre l'article 31.2 de la Carta Social Europea (revisada) podeu consultar-la a Macho, 2023, p. 16-18.

71. La Unió Europea no disposa de competències en matèria de sensellarisme, i tant la seva regulació com la de l'habitatge corresponen als estats. Això no obstant, la Unió Europea duu a terme intervencions relacionades amb aquests camps. La base legal que permet efectuar aquestes realitzacions cal cercar-la, principalment, en l'apartat 3 de l'article 3 del Tractat de la Unió Europea i en l'article 153 del Tractat de Funcionament de la Unió Europea, els quals l'habiliten per intervenir en la lluita contra l'exclusió social, i en l'article 34.3 de la Carta dels drets fonamentals de la Unió Europea. Sobre la base legal en què es recolzen, i sobre les normes de dret derivat i les activitats amb impacte en matèria d'habitatge

realitzades fins el 2019, podeu veure Ponce, 2019, p. 49-55 i 3-20. Vegeu també Makay, 2023. https://bityl.co/MM5P

72. «It is estimated that at least 700,000 people experiencing homelessness are currently sleeping on the street or living in emergency or temporary accommodation across the European Union.» Vegeu Develtere, 2022, p. 1. Accessible a: https://bityl.co/MM5Q.

FEANTSA i la Fundació Abbé Pierre xifren en 895.000 persones les que a Europa viuen al carrer, en refugis nocturns o en allotjaments temporals. Fundation Abbé Pierre - FEANTSA, p. 24. Una aproximació al sensellarisme a Europa i a les polítiques dels estats per fer-hi front la trobareu a Baptista i Marlier, 2019. Accessible a: https://bityl.co/MM5V.

73. Així ho indica l'epígraf Z de la Resolució del Parlament Europeu, de 21 de gener de 2021, sobre l'accés a un habitatge digne i assequible per a tothom. *Diario Oficial de la Unión Europea* C 456, de 10 de novembre de 2021, 145, p. 150.

74. La lletra c del principi 19 proclama que «[a]dequate shelter and services shall be provided to the homeless in order to promote their social inclusion». El text del Pilar europeu de drets socials és accessible a: https://bityl.co/MM5X.

75. D'acord amb aquesta resolució: «*El Parlamento europeo* [...] 2. [...] pide a la Unión y a sus Estados miembros que pongan fin a la situación de las personas sin hogar en la Unión de aquí a 2030, y que lo establezcan como un objetivo a nivel de la Unión; pide a la Comisión que adopte medidas más enérgicas para ayudar a los Estados miembros a reducir y erradicar el problema de las personas sin hogar como prioridad en el contexto del plan de acción sobre el pilar europeo de derechos sociales, y de conformidad con los ODS de las Naciones Unidas [...]» *Diario Oficial de la Unión Europea* C 425, de 20 d'octubre de 2021, p. 2 i 4.

76. Vegeu el punt 12 de la Resolució. *Diario Oficial de la Unión Europea* C 456, de 10 de novembre de 2021, 145, p. 154.

77. Vegeu el punt 17 de la Resolució. Document P9_TA(2023)0203.

78. El text de la Lisbon Declaration on the European Platform on Combatting Homelessness és accessible a: https://bityl.co/MM5a.

La Declaració la signen un representant de la Comissió Europea, un representant del Parlament Europeu, un representant del Comitè Europeu de les Regions, un representant del Comitè Econòmic i Social Europeu, un ministre o una alta autoritat de cadascun dels estats membres de la Unió Europea i els representants de nou entitats socials rellevants en l'àmbit europeu.

79. Vegeu *The European Pillar of Social Rights. Action Plan*. Publications Office of the European Union, 2021, p. 28.

80. *Governance, work programme and way forward for the European Platform on Combatting Homelessness 2022-2024*. Ministère chargé du logement - Commission européenne, p. 5-10. https://bityl.co/MM5c

81. La Declaració afegeix, a continuació, el següent: «[...] so that: no one sleeps rough for lack of accessible, safe and appropriate emergency accommodation; no one lives in emergency or transitional accommodation longer than is required for successful move-on to a permanent housing solution; no one is discharged from any institution (e.g. prison, hospital, care facility) without an offer of appropriate housing; evictions should be prevented whenever possible and no one is evicted without assistance for an appropriate housing solution, when needed; no one is discriminated against due to their homelessness status».

82. De moment, en l'àmbit estatal i amb la participació de les comunitats autònomes, hi ha hagut una primera iniciativa a càrrec del Consell territorial de serveis socials i del sistema per a l'autonomia i atenció a la dependència que ha consistit a aprovar un Acord Marc del Consell territorial per donar solució al sensellarisme impulsat per l'Estratègia nacional per a la lluita contra el sensellarisme a Espanya 2023-2030. L'Acord Marc del Consell, que fa esment exprés de la Declaració de Lisboa, preveu com a objectius: «El Marco nacional buscará alcanzar los siguientes objetivos generales: 1. Erradicar el sinhogarismo de calle en 2030: "Nadie que no quiera duerme en la calle en 2030". 2. Prevenir las situaciones de calle. 3. Revertir la institucionalización.» Per assolir aquests objectius a Catalunya, són imprescindibles mesures legislatives com la de la Proposició de llei. L'Acord Marc del Consell ha estat publicat com a annex de la Resolució de 20 de gener de 2023, de la Secretaria d'Estat de Drets

Socials, per la qual es publica l'Acord Marc del Consell territorial... (*Boletín Oficial del Estado* de 6 de febrer de 2023). Quant a l'Estratègia nacional, el Consell de Ministres ha aprovat recentment, l'11 de juliol de 2023, l'Estratègia nacional per a la lluita contra el sensellarisme a Espanya 2023-2030. L'Estratègia, en consonància amb l'Acord Marc, s'estructura a partir de dos objectius principals: erradicar el sensellarisme de carrer i prevenir-lo, amb la intenció de reduir en un 95%, en els set anys vinents, el nombre de persones que involuntàriament es troben en situació de carrer a Espanya.

83. Vegeu la meta 11.1 de l'Objectiu 11.

84. L'equip tècnic està format per Salvador Maneu Marcos, Bea Fernàndez, Lídia Pitarch Rodríguez, Eva Pich, Sonia Lacalle Álvarez i per mi mateix, que el coordino.

85. Per tal de no fer excessivament carregós aquest apartat, no anomeno les persones que han col·laborat en el llibre i que ja apareixen en els agraïments per una altra circumstància.

86. Vegeu Milian, 7 de setembre de 2022, p. 4, i Milian, 26 de gener de 2023, p. 32.

# A L'ENTORN DE LA POBRESA I DEL SENSELLARISME

# I. APOROFOBIA[1]

Adela Cortina Orts
Catedrática emérita de Filosofía Moral
y Política de la Universidad de Valencia

## El nacimiento de un nombre nuevo: «aporofobia»

Hoy vamos a hablar de una palabra nueva y revolucionaria: «aporofobia». Tan nueva que no ha formado parte del Diccionario de la Lengua hasta el 20 de diciembre de 2017. Tan revolucionaria que la Fundación Fundéu BBVA del Español Urgente la declaró «palabra del año 2017», frente a otras como bitcóin, uberización o turismofobia, por su capacidad para cambiar la realidad. Todo un récord. ¿Pero qué significa «aporofobia», por qué es importante crear una palabra nueva, con tantas que ya existen, y por qué puede cambiar la realidad social?

Parte de la respuesta podemos encontrarla en el comienzo casi mágico de esa extraordinaria novela de Gabriel García Márquez, *Cien años de soledad*, que dice así:

> «Muchos años después, frente al pelotón de fusilamiento, el coronel Aureliano Buendía había de recordar aquella tarde remota en que su padre le llevó a conocer el hielo. Macondo era entonces una aldea de veinte casas de barro y cañabrava, construidas a la orilla de un río de aguas diáfanas que se precipitaban por un lecho de piedras pulidas, blancas y enormes como huevos prehistóricos. El mundo era tan reciente, que muchas cosas carecían de nombre, y para mencionarlas había que señalarlas con el dedo».

La historia consiste, al menos en parte, en ir poniendo nombres a las cosas para incorporarlas al mundo humano, que es el del diálogo, la conciencia y la reflexión, al ser de la palabra y la escritura, sin las que esas cosas, por mucho que existan, no acaban de ser parte nuestra. Sobre todo, porque las casas de barro y cañabrava y las piedras pulidas del río pueden señalarse con el dedo, pero ¿cómo mencionar las realidades personales y sociales que no tienen un cuerpo físico?

Es imposible indicar con el dedo la democracia, la libertad, la conciencia, la belleza, la hospitalidad, la justicia o la compasión. Como es imposible señalar, yendo al polo opuesto, ese mundo inhóspito de los odios, que es el de la aversión al extranjero (la xenofobia), el rechazo a los que son de otra raza (el racismo), la aversión a las mujeres (la misoginia), el odio a quienes tienen otra tendencia sexual (la LGTBIfobia), o el odio a los cristianos y a los musulmanes (la cristianofobia o la islamofobia). Por eso hemos necesitado nombres para reconocer estas realidades, para identificarlas, para saber de su existencia, indagar sus causas, y tomar posición ante ellas. Para cultivarlas o para desactivarlas, si es que creemos que son una bomba de relojería.

Por poner un ejemplo tomado de un ámbito muy distinto, desde el 1 de diciembre de 2017 la Agencia Estatal de Meteorología (AEMET) y otras instituciones acordaron poner nombres propios a las borrascas profundas «que pueden producir un gran impacto en bienes y personas». ¿Por qué? Porque cuando las amenazas tienen un nombre propio, la sociedad las reconoce, las identifica y puede prevenirse frente a ellas. Así han nacido en España Ana, Bruno, y más tarde vendrán Carmen, David y muchas otras.

Por eso necesitábamos también un nombre para identificar y reconocer algo mucho peor que una borrasca física, un peligro que amenaza la vida de las personas de todos los países de forma permanente. Necesitábamos una palabra para mencionar un tipo de odio que actúa de incógnito: el odio y el rechazo a los pobres. Ese nombre es «aporofobia», rechazo al pobre, compuesto de «áporos», el que no tiene recursos, el indigente, el desvalido, y «fobéo», temer, odiar.

Por desgracia, mostrar que existe ese rechazo al pobre es muy sencillo.

## ¿Existe el rechazo al pobre?

En 2017 visitaron España 81 millones de turistas. Los medios de comunicación dieron la noticia con entusiasmo, porque el turismo representa la principal fuente de ingresos de nuestro país. Son extranjeros, y, sin embargo, no se les rechaza, no despiertan «xenofobia» (rechazo al extranjero por serlo), sino que se les acoge con hospitalidad, se les atiende con esmero, y sólo se les rechaza por el aumento de los precios de los alquileres, no por razón de raza o etnia. Hasta el punto de que se han creado grados universitarios de «ciencias de la hospitalidad» para preparar a las personas que deben atender a esos turistas que llegan con recursos económicos.

Y, sin embargo, hay otro tipo de extranjeros que sí que produce rechazo: los inmigrantes pobres y los refugiados políticos. Los que huyen de las guerras en África y también de la miseria, intentan pasar el Estrecho con sus pateras, mueren en el Mediterráneo, se ven recluidos en CIE o consiguen integrarse en un país de la Unión Europea en el mejor de los casos, pero despiertan el odio de grupos y partidos aporófobos que crecen desmesuradamente en las elecciones políticas. Y no sólo en Europa o Estados Unidos sino también en América Latina, con la emigración de Venezuela o Haití. Pero también lo es Estados Unidos, donde Trump expulsa a guatemaltecos, haitianos y salvadoreños, e insiste en levantar su muro frente a los mexicanos.

La pregunta entonces se impone: ¿rechazamos a esos extranjeros por serlo, o porque son pobres y creemos que no pueden aportarnos nada bueno?

No repugnan los orientales capaces de comprar equipos de fútbol, ni los futbolistas de cualquier etnia o raza, que cobran cantidades millonarias, pero son decisivos a la hora de ganar competiciones. Se acoge con entusiasmo a los cantantes extranjeros, a las estrellas de cine y a los inversores de cualquier procedencia. El que molesta es el pobre, incluso el de la propia familia. Rechazamos a los más vulnerables en cada situación, porque creemos que no podemos recibir nada bueno de ellos y pueden complicarnos la vida.

Desde diciembre de 2017 tenemos, pues, una palabra para referirnos a esta borrasca social, que es la aporofobia, pero con eso no hemos hecho más que empezar. Nos quedan dos pasos más: averiguar cuáles son sus causas y tomar posición ante ella para cultivarla o para desactivarla, si creemos que es un atentado contra la dignidad de las personas y un atentado contra la democracia. Empezaremos por las causas, que son biológicas y sociales.

## Las raíces biológicas y sociales de la aporofobia

**Dicen algunos neurocientíficos, como Eagleman o Evers, que hay unas bases cerebrales de la xenofobia, que nuestro cerebro es xenófobo. ¿Por qué es así?**

En principio, porque tiene un autointerés básico, un afán de supervivencia, que nos induce a *controlar* nuestro entorno inmediato y a buscar lo familiar, la seguridad, a preferir lo conocido. Por eso en la vida cotidiana preferimos un entorno controlable e intentamos incorporar lo desconocido a lo conocido.

Pero además contamos con un mecanismo de *disociación*, que nos lleva a eludir la información desagradable, a defendernos de las circunstancias que nos perturban. Por eso se ha dicho que el ser humano es un «animal disociativo», que invierte una gran cantidad de energía en distanciarse de las cosas que le desagradan. Y ésta es una importante función adaptativa para sobrevivir.

Cabe pensar entonces que el autointerés nos lleva a rechazar la información que nos molesta, se trate de acontecimientos o de personas. Y cabe pensar, en consecuencia, que el mundo de las fobias empieza a encontrar aquí su raíz: rechazamos a los extraños, con los que nos sentimos inseguros, por eso nuestro cerebro es xenófobo y rechazamos a los que no parecen aportar nada positivo, perturban la vida y pueden traer problemas. ¿Somos entonces egoístas radicales, incapaces de altruismo?

**¿La xenofobia no tiene remedio?**

Afortunadamente, sí que tiene remedio. Existe un amplio consenso en reconocer que los seres humanos no somos *egoístas radicales*, sino *animales reciprocadores*: estamos dispuestos a dar, siempre que de alguna manera podamos recibir, de aquellos a quienes damos o de un tercero. Somos altruistas con nuestros hijos y con nuestros parientes, pero también traspasamos la barrera del parentesco.

Y aquí llega el momento de destruir un mito que es falso, y, sin embargo, muy extendido: la mentira de que la racionalidad humana consiste en intentar lograr el máximo beneficio en cada jugada de la vida, caiga quien caiga, que en la lucha por la vida triunfan los depredadores, los egoístas, los que se proponen desplazar al resto con cualquier procedimiento. Esto, afortunadamente, no es así. La leyenda de que los seres humanos se conducen por una racionalidad maximizadora, empeñada en lograr el máximo beneficio a toda costa, está desacreditada. Es mucho más racional buscar la cooperación que el conflicto, conseguir aliados que generar adversarios.

Los biólogos matemáticos, Martin Nowak y Karl Sigmund, cuentan una divertida anécdota para caracterizar la esencia de lo que llaman el «hombre reciprocador», el hombre que es capaz de cooperar. «Hay una historia bien conocida —dicen— de un anciano académico que tenía por principio asistir a los funerales de los colegas, porque "si no, no vendrán al mío". Este chiste revela un extendido rasgo humano:

hagamos lo que hagamos, esperamos algún retorno. La reciprocación es la base de la cooperación».

Y sucede que, al comprobar que el juego de dar y recibir resulta beneficioso, este juego ha ido cristalizando en normas de reciprocidad indirecta que forman el esqueleto sobre el que se sustenta la encarnadura de las sociedades contractualistas en las que vivimos, regidas por el Principio del Intercambio («tú me das, yo te doy»). Cualquier actuación espera un retorno, la reciprocación es la base de la cooperación; pero ese retorno no siempre tiene que proceder del beneficiario, sino que bien puede venir de otros. El anciano académico no esperaba que asistieran a su funeral los mismos colegas a cuyo funeral asistía, evidentemente, sino otros distintos.

Parece, pues, que biológicamente estamos preparados para el egoísmo, pero también para la cooperación con todos aquellos que nos son necesarios para sobrevivir y prosperar.

## ¿Un mundo excluyente?

Sin embargo, también es verdad que en el juego de toma y daca hay límites que dejan fuera cosas muy importantes. Por ejemplo, qué hacer con los que parecen no tener nada que ofrecer a cambio, que siempre los hay en todos los grupos y las sociedades de todos los tiempos. Esto es lo malo que tiene fiarlo todo a los pactos, que generan siempre excluidos, porque el principio del Intercambio Infinito siempre deja fuera a los que no parecen tener fichas con las que jugar, ni dados, ni cubilete

Por eso en este mecanismo contractual se encuentran también las raíces de la aporofobia, porque en cada situación social hay personas que parece que no tienen nada interesante que dar a cambio. Que no pueden entrar en el juego «hoy por ti, mañana por mí», que no interesan como amigos y conviene alejarlos. Son los pobres, los excluidos de la sociedad basada en el contrato, aquellos que carecen de poder social.

¿Quiénes son hoy los «sin poder»? Pueden ser los discapacitados psíquicos, los enfermos mentales, los pobres de solemnidad, los sin papeles, los «desechables», las personas sin hogar, los sin amigos bien situados. Y en cada esfera social, los que no pueden devolver los bienes que se intercambian en ella, que pueden ser favores, puestos de trabajo, plazas, dinero, votos, apoyo para ganar una elecciones, honores y prebendas que satisfacen la vanidad.

Éste es el caldo de cultivo, biológico y social, de la aporofobia, de la aversión hacia los «áporoi», hacia los que parece que no tienen nada bueno que ofrecer a cambio. Y no sólo si quedan lejos, sino todavía más si están cerca y pueden causar problemas, si pertenecen a la propia familia y se les trata como a una vergüenza que hay que ocultar.

## Desactivar la aporofobia, que es una bomba de relojería

Ante una situación semejante la pregunta es «¿qué hacer?». Sobre todo, alegrarse porque hay una buena noticia: nuestro cerebro tiene una gran plasticidad y se deja influir socialmente, incluso antes del nacimiento. Naturaleza y cultura se influyen mutuamente, de forma que podemos decir que construimos nuestro cerebro de forma biosocial, que el aprendizaje y la experiencia están entremezclados con la acción de los genes.

En esta construcción será, pues, clave la educación formal e informal, los medios de comunicación y las redes sociales, el ejemplo de personas que nos merecen crédito. Serán esenciales las decisiones que tomemos a lo largo de la vida, pero también la creación de instituciones y organizaciones que refuercen el reconocimiento de los sin poder. Erradicar la pobreza involuntaria es posible. Y es un deber de justicia crear instituciones que reduzcan las desigualdades en el nivel local y global.

Porque el respeto a la dignidad humana exige una sociedad inclusiva en todos los ámbitos de la vida social, no puede dar por bueno que haya excluidos. Es preciso formar de verdad democracias incluyentes.

Y para lograrlo es preciso potenciar la cooperación, los juegos de suma positiva, pero también ir más allá: hacia el reconocimiento recíproco compasivo.

La capacidad de contratar no es la única forma que los seres humanos tienen de vincularse entre sí, no vivimos sólo del intercambio, del dar y el recibir. En la base de nuestras relaciones hay un vínculo no establecido voluntariamente, sino que ya existe previamente, y sólo podemos intentar romper o reforzar. Cada uno de nosotros es persona porque otros nos reconocen como personas, no existe el individuo aislado, sino las personas humanas en vínculo, en relación.

Descubrir ese vínculo de pertenencia mutua hace surgir obligaciones, como las que surgen del respeto a la dignidad del otro, que es el amplio campo de la justicia. Pero todavía van más allá, porque abren el mundo cálido de la gratuidad.

Porque hay una segunda óptima noticia, y es que todo ser humano tiene algo importante que ofrecer, y es la ceguera de los bien situados la que les impide descubrirlo. Educar desde la familia, la escuela y la sociedad en la com-pasión, en la capacidad de incluir siempre a los más vulnerables y de descubrir con ojos lúcidos y limpios qué es lo bueno que cada uno puede ofrecer, aunque no sea «a cambio».

Esta es la forma de desactivar la aporofobia. Tenemos un nombre para identificarla. En el siglo XXI tenemos que acabar con ella.

## Nota

1. El texto corresponde a una conferencia TEDx sobre la aporofobia pronunciada en la Universidad Politécnica de Valencia en 2017.

Ese mismo año se publica el libro «Aporofobia, el rechazo al pobre. Un desafío para la democracia» (Paidós, Barcelona).

# II. AMB LA INTEGRACIÓ DELS SENSESOSTRE, HUMANITZEM LA CIUTAT

Jaume Castro
Comunitat de Sant'Egidio

Les ciutats contemporànies, amb les seves dimensions i tensions, no poden prendre consciència de les seves grans contradiccions i repensar-se si no és a partir dels pobres. Un eminent intel·lectual anglès, Jonathan Sacks, va afirmar que «un país és fort quan té cura dels febles, s'enriqueix quan s'ocupa dels pobres, esdevé invulnerable quan es fa càrrec dels més vulnerables».[1] La força d'un país, d'una ciutat, la seva riquesa i la seva invulnerabilitat es consoliden quan s'afronten els problemes dels més pobres. Si es veuen i es resolen els seus problemes, es podran afrontar els de tots. Quan repensem i construïm la societat a partir dels últims, ho fem per a tothom.

## El món de les persones sense sostre

Ocupar-se dels pobres i integrar-los és un indicador de la humanitat d'una ciutat. Cal, doncs, conèixer un món complex, format per persones d'edats, situacions i itineraris molt diversos que sovint estan invisibilitzades. Les persones sense sostre es troben entre els més pobres. El José Ramón, en aquesta poesia que va escriure quan vivia pels carrers de Barcelona, expressava així la seva situació:

> «Duermen en bancos de parques, cajeros,
> estaciones de tren, autobuses o metro
> buscando ropa en los grandes roperos
> y nadie pone a esto solución o veto.»[2]

Darrere cadascuna de les 3.900 persones sense llar que viuen a Barcelona hi ha un nom i una història: 1.200 viuen a cel obert, 600 en edificis abandonats, barraques o assentaments, i 2.100 pernocten en centres d'acollida nocturna, pisos o equipaments socials. Estem parlant de la punta de l'iceberg de la pobresa, el 0,2% de la població de la ciutat. Cal crear un marc específic per defensar la seva dignitat i els seus drets, per posar «solución o veto» a tot això, com diria el José Ramón. Els problemes de les persones sense sostre se solen tractar des d'una òptica d'emergència o assistencial. En canvi, tractar-los des del dret comporta reconèixer que són ciutadans de ple dret i, per tant, implica posar a la seva disposició les mesures i els serveis necessaris per afrontar les situacions en què es troben.

La pobresa de qui viu al carrer és una realitat incompresa que fa por i que es vol amagar. La por, tot i ser una gran simplificadora, és rendible, crea consens i provoca reaccions molt variades. El racisme o l'aporofòbia n'han estat algunes, però les administracions públiques no sempre han afrontat aquests fenòmens amb fermesa. Malauradament, en algunes ciutats europees arquitectes i administracions cooperen per «eliminar» la visibilitat de qui viu al carrer. El gran sociòleg i intel·lectual polonès Zygmunt Bauman assenyala: «L'arquitectura de la por i de la intimidació s'aboca als espais públics de la ciutat, transformant-los incansablement.» Només cal veure la inventiva sense límits per proposar dispositius «a prova de sensesostre» en algunes ciutats europees: bancs amb reposabraços al mig perquè no s'hi puguin estirar o l'eliminació dels bancs en la remodelació de les places. És lamentable complicar la vida a qui ja la té difícil.

Per justificar moltes d'aquestes actituds, s'han escampat afirmacions que estan lluny de la realitat. S'ha dit, per exemple, que qui viu al carrer ho fa perquè vol, perquè no vol treballar. Ningú viu al carrer per lliure elecció. Viure al carrer és complicat, comporta una gran vulnerabilitat: dificultats per a la higiene i per al repòs, molt fred a l'hivern i molta calor a l'estiu, manca d'intimitat sempre. Sense casa, trobar feina és més costós, i mantenir-la, encara més; la mobilitat es fa feixuga. Per sobreviure et veus obligat a dependre de tot i de tothom, fins i tot per respondre a les necessitats bàsiques com ara la higiene o l'alimentació.

Viure al carrer és dur i perillós. Qui viu al carrer està exposat a agressions i robatoris, a la humiliació de ser considerat no desitjat o impresentable; viu amb por, sobretot de nit. Potser també per això només el 20% de les persones que viuen al carrer són dones. La vida de qui viu al carrer és més curta: l'esperança de vida es redueix més de 20 anys respecte a la mitjana de la població. Hi ha sensesostre que moren a causa de la violència, com li va passar a la María del Rosario Endrinal, de 51 anys, que va morir cremada a l'entrada d'una sucursal bancària de la part alta de Barcelona a causa de la violència gratuïta d'un grup de joves.

## Una situació injusta i insostenible

El Rafael Díaz i l'Antonio Varela van morir de fred la nit del 30 al 31 de desembre de 1996 a Barcelona. Aquelles morts, com la majoria de les que tenen lloc al carrer, es podien evitar. Aquells fets van interpel·lar la Comunitat de Sant'Egidio[3] i van fer créixer una major responsabilitat perquè no es repetissin. Les persones que viuen al carrer sovint es troben soles i es pregunten: «Qui es recordarà de mi?» Recordar les persones que moren al carrer és una tradició que la Comunitat de Sant'Egidio va començar després que Modesta Valenti agonitzés i acabés morint a l'estació Termini de Roma el 31 de gener de 1983 perquè ningú la va dur a un hospital. A Barcelona, des de 1996, persones sense sostre, juntament amb molts amics i voluntaris, es troben cada any a la Basílica dels Sants Màrtirs Just i Pastor per recordar el Rafael i l'Antonio, com també desenes de persones que moren a la ciutat cada any i que coneixíem personalment. Un dels problemes que es presenta quan mor una persona sense sostre és fer la cerimònia fúnebre i donar-li una sepultura digna respectant la seva fe i les seves voluntats.

Els motius que porten a viure al carrer no es poden associar a esdeveniments extraordinaris o a històries especials de marginació com succeïa antigament. Com recorda Zygmunt Bauman, «l'exclusió s'ha convertit en una possibilitat real per a gairebé tothom, i tots hem d'estar preparats per enfrontar-nos a la inquietud que produeix».[4] La població en risc de pobresa i exclusió social a Catalunya arriba al 24,7%.[5] Un desnonament (cada hora hi ha una família que perd la seva casa a Catalunya), una tensió familiar que no es resol, la pèrdua de la feina, una separació conjugal, una malaltia o el fet de mudar-se a una nova ciutat com fan molts joves a la recerca de noves experiències, sense el suport necessari, poden transformar persones que fins aquell moment feien una vida «normal» en persones desproveïdes de tot.

Les dificultats de la vida a les grans ciutats i la crisi econòmica i d'habitatge han fet créixer el nombre de persones sense llar. L'augment del cost de la vida i la disminució del poder adquisitiu de les pensions exposen cada cop més ancians a un empobriment progressiu i a una situació de risc. L'atur juvenil, la precarietat laboral –que dificulta trobar feina a partir de certa edat o si ets estranger– i els salaris baixos també estan agreujant la situació. Cal afegir-hi la fragmentació de la societat (al 31,6% dels domicilis de Barcelona hi viu una persona sola)[6] i la crisi de la família, que ens deixen cada vegada més aïllats i indefensos per poder respondre a aquests problemes degut a la fragilitat de les xarxes de protecció de proximitat. Els estrangers, que són el 70% de les persones sense sostre, acusen especialment aquest context. Els refugiats que esperen ser atesos pels serveis socials o els menors no acompanyats constitueixen dos dels col·lectius més vulnerables. Les addiccions a l'alcohol i a altres estupefaents, les malalties psíquiques i la desocupació són greus problemes que pateixen les persones sense llar i que costa afrontar quan hom està sol, allunyat de la família o no té una xarxa de relacions.

## Les respostes de la societat

Quines alternatives hi ha? Trobar-se sense llar i al carrer pot ser l'inici d'un camí sense retorn, però no és una condemna per sempre: del carrer se'n surt, però cal ajuda. Certament, disposar d'un habitatge i una feina digna és vital, i quan s'aconsegueix obre la via per resoldre la majoria dels problemes. Cal emprar tots els mitjans que existeixen perquè les persones sense sostre no perdin la dignitat, perquè se'n garanteixin els drets fonamentals com a ciutadans i perquè es reconstrueixi un entorn d'amistat personal i familiar al seu voltant. Tenir una casa és essencial, i tant gaudir d'un acompanyament llarg i pacient com obrir un ventall de possibilitats en el camp de la solidaritat, la cultura, el lleure, la socialització i la formació són contribucions importants per sortir del carrer.

A Barcelona hi ha moltes organitzacions que es posen al

servei de les persones sense sostre. La guia *ON menjar, dormir, rentar-se* és com una brúixola de butxaca per orientar-se a la ciutat, perquè les persones sense sostre sàpiguen on poden trobar ajut i acollida. La guia es dona gratuïtament i també és una eina de treball per a molts professionals o per a persones de bona voluntat que busquen un lloc per ajudar els sensesostre.[7] L'estudi dels serveis que s'ofereixen a Barcelona permet fer una anàlisi acurada de la situació i, en conseqüència, detectar els serveis més deficitaris amb vista a respondre a les necessitats de les persones sense sostre.

Entre 2004 i 2022 el nombre de persones sense sostre (és a dir, que viuen a cel obert) no ha variat gaire. L'oferta de serveis, en canvi, ha augmentat notablement. Els llocs per dormir s'han triplicat (hi ha 825 places: 255 de públiques, 422 de concertades i 148 de privades). Els llocs per menjar quasi s'han duplicat (hi ha 32 menjadors i 11 grups que donen menjar al carrer: 2.700 àpats calents al dia, 500 esmorzars, i sopars ambulants), i els llocs per rentar-se han augmentat lleugerament (actualment són 12, que ofereixen 263 dutxes diàries). A més de les institucions públiques, hi ha 90 entitats o parròquies que donen serveis a les persones sense sostre. Des de 2005 l'Ajuntament de Barcelona ha impulsat la Xarxa d'Atenció a Persones sense Llar (XAPSLL), que inclou 35 d'aquestes entitats, les quals no només responen a les necessitats bàsiques, sinó que també són espais relacionals i de trobada. Cal destacar, alhora, el paper de les biblioteques públiques, que són un punt de referència per a molts sensesostre perquè hi poden carregar el mòbil, resguardar-se del fred, sentir-se acompanyats, llegir i culturitzar-se.

Tot i aquesta àmplia xarxa d'atenció pública i privada, encara es detecta una manca considerable de serveis per respondre a les necessitats de les persones sense sostre. Els problemes d'habitatge són ben coneguts, però també falten centres de baixa exigència. Cal multiplicar els serveis de proximitat (com ara els llocs per rentar-se) i resoldre les dificultats en l'empadronament o l'escassetat de consignes per deixar les pertinences.

Així mateix, convé ressaltar la solidaritat espontània de nombrosos ciutadans que sostenen la vida de moltes persones sense sostre. Es tracta d'oferiments gratuïts, d'iniciatives de socors de particulars, que s'afegeixen als serveis més organitzats tant en l'àmbit privat com en l'institucional. Especialment després de la crisi de 2008, han sorgit veïns i grups que donen menjar a persones sense sostre. Durant la pandèmia també es va veure un moviment de solidaritat a través d'iniciatives personals de molts ciutadans que, amb la seva amistat, aliments o roba d'abric, ajudaven les persones sense sostre que tenien al portal de casa.

És important destacar que tots els ciutadans, les entitats i les comunitats tenen alguna cosa a dir a l'hora de crear llaços personals, acompanyar o sostenir les persones, incloses les persones sense sostre. Hi ha una ciutadania activa que crea, quotidianament, una multitud de lligams en molts contextos diversos. L'atenció directa i la compassió construeixen una societat més humana. Els ciutadans són els principals actors de les xarxes comunitàries solidàries veïnals o associatives. Així s'eviten la marginació o la soledat, la depressió o la desesperació de les persones. Per això quan les seves ferides són profundament personals, com en el cas de les persones sense sostre, les administracions no tenen totes les respostes en les seves intervencions, no poden oferir suficient dignitat i resiliència, civilitat i responsabilitat als seus ciutadans. Les relacions personals no es poden externalitzar.

Això no obstant, cal dir que les administracions poden fer molt i haurien de fer molt més. L'estat del benestar que hem construït constitueix el marc necessari per assegurar la salut, el benestar i un sostre digne, i per assegurar els drets personals i col·lectius de tots els ciutadans. En aquest sentit, és primordial concretar les eines necessàries perquè ningú no es trobi en aquesta situació. No es tracta només d'assegurar els serveis perquè ningú visqui al carrer, sinó d'assegurar tots aquells drets que, en temps de crisi econòmica i de revifament de la cultura de l'odi i l'exclusió, es manlleven sempre als més pobres.

## El desafiament de la integració

A la ciutat es teixeixen multitud de xarxes que sostenen les persones sense sostre. Es tracta de la primera consideració per fer viable la integració d'aquestes persones. No oblidem que les institucions acullen, però són les comunitats (veïns, associacions, comunitats, parròquies) les que integren. Frank Arndt era una persona sense sostre que vivia al barri de Sants. Era conegut i estimat pel seu caràcter afable, rialler i simpàtic. Els veïns l'ajudaven, hi parlaven, el saludaven, l'estimaven. Demanava almoina a la porta d'un forn de pa de la plaça de Sants. El dia que va faltar, la gent es va estranyar de no veure'l. Un mes després va arribar la notícia que havia mort i molts veïns i amics es van mobilitzar per acomiadar-lo. El Frank formava part de l'univers humà de l'entorn que l'havia acollit. En una realitat comunitària, integradora, la gent del carrer és del barri, és de la ciutat. Com deia una veïna de Sants, «el Frank era un veí més del nostre barri». Un veritable desig d'integració esperona a compartir i reclamar els mateixos drets per a tothom. Per tal que tots siguem iguals, cal que hi hagi una sèrie de garanties que facin front a l'exclusió de les persones que no tenen una llar i cal garantir els seus drets.

Integrar és el fonament per ajudar a viure millor les persones sense llar i per assolir una bona convivència. És un art que institucions i ciutadans han d'aprendre, perquè ens ajuda a tots a viure junts i millor. Requereix paciència i capacitat per comprendre les diverses situacions. Integrar evita que el clima d'un barri o d'una ciutat s'enverini. Evita que algú es tanqui o se senti marginat o reduït en un gueto, i garanteix més seguretat que la que podria donar qualsevol cos de policia.

Qui viu al carrer no ha d'estar condemnat a quedar-s'hi. Tenir una casa és la primera resposta per poder reteixir els afectes i les relacions. Recuperar la casa té un valor terapèutic per a les persones que l'han perduda. La casa és el lloc de la intimitat i el repòs, dels records i de la història, és el nucli al voltant del qual es tornen a teixir els afectes i les relacions, i és la base fonamental per encaminar-se a la guarició de moltes altres problemàtiques. Ho hem vist en la història de molts amics sense sostre que hem ajudat a sortir del carrer. Al voltant de la casa creix una xarxa relacional per reinserir-se a la comunitat.

Quan manca la casa, un centre d'acollida, un menjador o una plaça n'esdevenen substituts. A la inauguració del menjador per als amics del carrer,[8] Andrea Riccardi va afirmar: «Estem convençuts que la gran malaltia d'una ciutat d'èxit és la falta de xarxes. Cal construir xarxes: xarxes de proximitat, de veïnatge, de simpatia i de solidaritat. Perquè una ciutat és una comunitat de destí.» La construcció d'aquesta xarxa al voltant de cada persona és indispensable perquè aquells que s'han quedat al marge de la societat s'hi puguin reinserir. Aquests nous vincles, quan són personals i amicals, permeten afrontar els problemes concrets i curar les ferides obertes. Hem estat testimonis d'itineraris sorprenents de rescat i alliberament de la necessitat que han permès sortir d'un vida marginal. Per seguir aquests itineraris d'integració és necessari propiciar espais i moments de trobada on aflorin l'amistat i la solidaritat.

En l'experiència de Sant'Egidio, el menjador per als pobres, el centre d'acollida, l'Escola de Cultura i Idioma, la solidaritat al barri i, sobretot, els llaços d'amistat personals són el camí per a una veritable integració, perquè permeten guarir les ferides i recosir les relacions trencades. El dinar de Nadal constitueix un dels moments més significatius que mostren la reconstrucció d'una nova família més gran que els sosté. Després del brindis nadalenc, l'Asun va dir: «Solo en familia se logra la paz. Gracias por este día maravilloso que nos devuelve la felicidad.»[9]

## Vers una ciutat més humana

Les persones sense llar tenen valors, i no només necessitats; són homes i dones dels quals aprenem, i no només persones que cal ajudar. Són punts de referència invisibles enmig de la ciutat. El Manuel va viure durant vuit anys a la plaça de Sant Pere de les Puel·les. Mai no va voler marxar del lloc on dormia. Després de la seva mort, en la pregària de record que es va celebrar amb els veïns i amics,[10] es va posar de manifest la xarxa d'amistat i solidaritat que havia teixit durant aquells anys. Era un ciutadà del barri que vivia complicitats amb molta gent i interpel·lava a tots els que lluitaven per treure'l d'aquella situació. Marco Gnavi, en el seu llibre *Elogi dels pobres en un temps en què fan por*, explica que «el pobre ens recorda els límits i la fragilitat de la nostra vida i és portador d'una petició urgent i de vegades desesperada d'humanitzar el seu entorn».[11] El Manuel, com tants altres pobres, assenyala els límits de la humanitat de la ciutat i provoca una mirada interior que fa mirar més enllà, a fi que els que hi vivim impulsem noves iniciatives més justes i humanes.

Hem de reaccionar per poder afirmar amb força una convicció antiga: «El pobre no serà mai oblidat, no es veurà defraudada l'esperança dels pobres.»[12] Aquestes paraules, escrites ara fa quasi tres mil anys, presenten una actualitat increïble.

Hem de retornar a les persones sense sostre, als pobres de la nostra ciutat, «l'esperança perduda a causa de la injustícia, el sofriment i la precarietat de la vida». No podem oblidar-los, i hem de respondre amb gestos i iniciatives concretes per no defraudar la seva esperança, per integrar-los en una societat de la qual mai haurien d'estar exclosos.

## Notes

1. Sacks, Jonathan. (2021). *Moralidad. Restaurar el bien común en tiempos de división* (pàg. 37). Nagrela Editores.

2. Poesia de José Ramón Codina López escrita el 27 de febrer de 2015, quan vivia al carrer.

3. Sant'Egidio és una comunitat cristiana que va néixer a Roma l'any 1968 per iniciativa d'Andrea Riccardi (www.santegidio.org). Des de 1989, a Barcelona segueix la vida dels qui viuen al carrer.

4. Bauman, Zygmunt. (2004). *Europa, una aventura inacabada* (pàg. 164). Editorial Losada.

5. Idescat. Enquesta de les condicions de vida 2022 (taxa AROPE - Objectiu UE 2030).

6. Oficina Municipal de Dades de l'Ajuntament de Barcelona (01.01.2022).

7. *On menjar, dormir, rentar-se* és una guia que publica la Comunitat de Sant'Egidio des de 2004. Es pot trobar en línia al lloc web www.santegidio.org. El 2023 se n'ha publicat la 16a edició a Barcelona.

8. El menjador per a les persones sense sostre de la Comunitat de Sant'Egidio està ubicat al número 12 del carrer Ataülf de Barcelona. Va ser inaugurat el 12 d'octubre de 2013 amb la presència d'Andrea Riccardi (fundador de Sant'Egidio), Xavier Trias (alcalde de Barcelona) i Salvador Esteve (president de la Diputació de Barcelona).

9. Dinar de Nadal a la Basílica dels Sants Màrtirs Just i Pastor. 25 de desembre de 2022.

10. La pregària en memòria del Manuel Valverde es va celebrar el dimecres 4 de setembre de 1919 a la plaça de Sant Pere de les Puel·les.

11. Gnavi, Marco. (2015). *Elogio dei poveri in un tempo in cui fanno paüra* (pàg. 29). Francesco Mondadori Ed.

12. Salm 9,19.

# REFLEXIONS I TESTIMONIS DES DE LA VIDA QUOTIDIANA

# III. QUAN NO TENS CASA, NO TENS ACCÉS A LA SALUT

Javier Prieto González
Director de l'Àrea d'Atenció a Persones.
Sant Joan de Déu Serveis Socials Barcelona

Eduard Rafel Franquesa,
Director del Programa d'Habitatge Individual.
Sant Joan de Déu Serveis Socials Barcelona

«L'alta mèdica és una mala notícia... si vius al carrer.» Aquest era el lema que va llançar Càritas el dia de les persones en situació de sense llar el 2007. L'objectiu era denunciar les barreres que les persones sense llar pateixen per accedir a la salut, tot i que aquesta sigui universal i un dret de ciutadania.

En Jordi va patir un accident de trànsit en el qual va perdre la mobilitat de les cames. Va estar dos anys hospitalitzat. El dia de l'alta fou especialment difícil: no tenia llar i anava en cadira de rodes. [1]

Enguany, els factors generadors de sensellarisme s'han agreujat. Les causes més visibles són la precarització laboral i la dificultat per accedir a un habitatge o mantenir-lo. No obstant, hem d'incorporar a la llista altres causes invisibles, com la solitud no volguda. La suma d'aquests factors, junt amb la manca de polítiques eficients de prevenció, aboca més persones al sensellarisme i dificulta les possibilitats de sortir-ne.

L'atenció a persones en situació de sense llar requereix també un acompanyament professional, amb un treball adequat, continuat i coordinat tant des de l'àmbit sanitari com des del social. Especialment s'ha d'acompanyar en el que no veiem, i la salut és un element troncal. Cal una mirada integral.[2]

«M'heu donat vint anys de vida extra!» En Marcos va viure vuit anys al carrer. Actualment forma part d'un programa de Housing First. La seguretat de l'habitatge i el suport de l'equip social i de salut l'han ajudat a portar millor la seva malaltia mental i a voler i poder deixar els consums.

La pèrdua del padró, o el fet d'estar mancat del dret a tenir-ne, exclou de la possibilitat d'accedir a atenció ambulatòria. Si la salut ha de preveure el benestar social, les decisions que es prenen han de tenir present on viu la persona, i les administracions han de garantir que el lloc on es viu és digne i permet la recuperació.

En Vicente va ser diagnosticat de lumbàlgia. Va manifestar que la seva recuperació va ser un infern. No disposar d'aixopluc ni d'un llit allarga malalties i augmenta costos mèdics indirectes.

Quan una persona en situació de sense llar pateix una malaltia que no es consideri d'hospitalització, es genera un alt risc d'empitjorament i de desafecció cap al sistema. Una depressió profunda, una lumbàlgia o un cama trencada fan necessari poder viure en un lloc digne i que permeti fer allò que calgui per recuperar-se.

Hi ha persones que, tot i disposar d'espais residencials, viuen soles, i aquesta solitud els impedeix poder recuperar-se. L'espai de cures s'ha delegat a la xarxa de suport del malalt, i ha de ser així; però, què passa quan una persona no té ningú?

L'Ibrahim viu sol i forma part d'un programa d'habitatges amb suport professional. Va patir un traumatisme cranioencefàlic, amb pèrdua cognitiva i de mobilitat evidents: no recordava ni l'adreça de casa seva. Els riscos eren molt alts, i l'acompanyament que requeria no es podia fer al domicili com anteriorment. Tot i així, no va tenir cap més alternativa que tornar-hi.

La salut mental, quan genera comportaments més difícils de comprendre per la població general, produeix rebuig i estigma. És una resposta instintiva a allò que no entenem i fa por.

L'Ana té una relació cordial amb el veïnat. De vegades ajuda una veïna a anar a comprar. De mica en mica, però, es distancia de tothom i comença a pensar que algú li farà mal. Es tanca a casa i de vegades plora i crida, demana que la deixin tranquil·la. I el patiment va en augment. L'equip professional acompanya aquesta circumstància, i el patiment va disminuint. Però el fet genera estigma i, de nou, patiment. Algunes veïnes i veïns expressen incomprensió i rebuig; d'altres, preocupació.

La por no pot transformar-se en un altre element d'estigmatització i intersecció a tota la càrrega que ja suporten. No podem excloure les persones ja excloses pel fet que no entenguem la seva malaltia.

Quinze anys més tard, l'eslògan «L'alta mèdica és una mala notícia» segueix vigent. La futura llei té un alt potencial de contribuir al canvi sistèmic tan necessari per abordar la complexitat del fenomen i garantir els drets a les persones sense llar.

## Notes

1. Totes les històries de vida que es mencionen en aquest article són reals i fan referència a persones ateses a Sant Joan de Déu Serveis Socials Barcelona, encara que els noms són ficticis per preservar la seva identitat.

2. L'Organització Mundial de la Salut (OMS) defineix la salut com «un estat complet de benestar físic, mental i social, i no solament l'absència d'afeccions o malalties». Agencia Estatal Boletín Oficial del Estado. https://www.boe.es/buscar/doc.php?id=BOE-A-1973-682.

# IV. EL DRET DE LES GENERACIONS FUTURES A TENIR UN FUTUR DIGNE

Teresa Bermúdez Sánchez
Directora del Programa d'Habitatge Compartit a Sant Joan de Déu Serveis Socials Barcelona

A molts joves se'ls està vulnerant el dret al seu futur, i la història del Mohamed és una dels milers que es podrien explicar. La vida de molts infants i joves del nostre món està al marge de la representació i dels interessos de la política actual, quan actua en benefici dels interessos del capital per sobre de la vida.

L'Estat espanyol o Catalunya no són una excepció en aquest sentit. Els joves en situació d'exclusió residencial i els joves migrants continuen sent «els sense veu»[1] en un sistema de representació que els invisibilitza i no els fa partícips del sistema democràtic establert, tot i veure's greument afectats per les decisions d'aquest.

Les darreres dades dels recomptes de l'any 2023[2] a diverses ciutats catalanes evidencien un notable augment de persones en situació de sense llar que pernocten al carrer, i es percep amb preocupació l'increment de persones joves que es troben en situació d'exclusió residencial. En la diagnosi de persones sense llar de 2019 a Barcelona[3], les persones d'entre 18 i 30 anys representaven ja en aquell moment el 17,9% de les persones sense llar a Barcelona; aquesta va ser la franja d'edat que creixia en major proporció. En el darrer cens d'Arrels

Fundació[4], del 2022, es constatava que el 5% de les persones entrevistades al carrer eren menors de 25 anys i el 19% tenien entre 26 i 35 anys. Als tres centres residencials d'inclusió (CRI) de Sant Joan de Déu Serveis Socials[5] s'atenen 24 persones menors de 30 anys[6]. El 2020 eren 5; per tant, podem copsar l'evolució en augment de la població jove. En tots els casos es constata que majoritàriament les persones d'aquestes franges d'edat són migrades.

Entre les causes d'aquest increment de sensellarisme juvenil hi ha principalment una llei d'estrangeria que envia la població migrant a l'exclusió residencial i social i la dirigeix al circuit de persones sense llar pel simple fet de no disposar d'una situació administrativa regular. Una altra causa la trobem en el sistema de (no) protecció dels governs, ja que les mesures de protecció de la DGAIA[7] finalitzen quan els joves compleixen 18 anys. En alguns casos, la protecció s'estén fins als 21 anys a través de l'ASJTET[8], però sovint les sol·licituds són rebutjades, de manera que els joves es converteixen en persones sense llar.

Al carrer una persona jove és més vulnerable que una d'adulta, el Mohamed ens ho il·lustra en el seu relat. La manca d'un entorn físic i de relacions de suport i de contenció aboca molts joves a la màxima desprotecció en un moment clau de la vida, en què es construeix el projecte de futur. El carrer i, en definitiva, la despreocupació i la negligència de les administracions, els roben una part fonamental de les seves vides. Són una part de la generació oblidada. El trànsit a la vida adulta es duu a terme des de la soledat, la por, l'angoixa, la violència, la discriminació, la manca de referents i l'abandonament de qui suposadament hauria de vetllar per proveir-los d'un futur digne. Amb la nova proposta de llei es vol fer un pas més en la garantia de drets, en evitar que cap jove quedi sense oportunitats de construir el seu futur.

**«Ara al pis em sento segur i penso que puc fer projectes»**

En Mohamed és un jove de 25 anys que, com tots els joves, vol un futur digne. Un futur que vol construir estudiant: «Podré fer una formació per treballar d'auxiliar d'infermeria en una residència. Em fa feliç cuidar la gent.» Però la història d'en Mohamed és una història dura, perquè la construcció d'un futur digne no presenta les mateixes oportunitats per a tothom.

Va marxar del Marroc amb 23 anys per poder estudiar, però ho va haver de fer en pastera. Va veure morir molta gent, i quan va arribar al seu destí la vida va continuar sent una carrera d'obstacles. Es va veure abocat a viure al carrer: «Del carrer he après que no es pot confiar en ningú.» Va viure molta inseguretat i encara en pateix les conseqüències: «Tinc problemes de salut: tinc problemes per dormir, amb el menjar, amb la digestió...» A temporades podia treballar, però sense contracte ni cap seguretat, fins que va entrar en contacte amb diverses entitats socials i va accedir al projecte Futur&Co: «M'ajuden a tramitar els papers, a estudiar i a fer moltes coses més... A l'octubre o al novembre, si tot va bé, tindré el meu NIE.» Ara disposa d'un habitatge compartit amb altres joves i d'un seguiment social que li permet construir un futur digne[9].

Història completa d'en Mohamed Bouzghaia

## Notes

1. Marcellesi, Florent. (2012). Las deudas ecológicas de la democracia moderna. https://dialnet.unirioja.es/descarga/articulo/3825704.pdf.

2. La nit del 30 de maig de 2023, Badalona va localitzar 90 persones pernoctant al carrer i 135 pernoctant a equipaments, gairebé el doble que en el recompte anterior. La mateixa nit, l'Hospitalet va localitzar 163 persones a la via pública, 71 més que fa dos anys.

3. xapsll. Ana de Inés, Grecia Guzmán, Maria Verdaguer i MaFe Contreras. Diagnosi 2019. El sensellarisme a Barcelona. Evolució i joves en situació de sensellarisme.

4. Arrels Fundació. https://bityl.co/MMNo.

5. Centres residencials d'inclusió: Hort de la Vila (116 places), Creu dels Molers (52 places) i La Llavor (40 places).

6. Dades del juny de 2023.

7. Direcció General d'Atenció a la Infància i l'Adolescència.

8. Àrea de Suport als Joves Tutelats i Extutelats.

9. La història del Mohamed Bouzghaia conté extractes de la conversa que va mantenir amb el seu referent social, en Jérôme Roger, coordinador del Programa Futur&Co a Barcelona, de Sant Joan de Déu Serveis Socials Barcelona, el juny de 2023.

# V. L'AMISTAT I UNA CASA CANVIEN LA VIDA

Elisabet Pratdesaba Prat
Comunitat de Sant'Egidio

En una nit molt freda de l'hivern de 2011 vaig conèixer el Javier a l'entrada d'un aparcament de cotxes del barri de la Sagrada Família. Portava més de trenta anys vivint al carrer i tenia un aspecte molt deixat i una salut física i mental molt tocada pel vi. La història amb l'alcohol venia de lluny, era una «herència» paterna que l'acompanyava des que era un nen de dotze anys.

Al principi, jove i amb forces, el Javi va poder trampejar aquesta situació fora de casa. L'empenta de la joventut maquillava els problemes que li provocava l'addicció, però amb el pas dels anys no va poder superar aquells problemes i va acabar vivint al carrer. Va treballar de paleta, de «pladurista», en restaurants i en fires, en muntatge d'espectacles, en negocis de compravenda de cotxes de segona mà, i de moltes coses més. S'espavilava i vivia la vida amb intensitat però sense ficar-se en embolics. L'última feina va ser en una empresa de desballestament de cotxes. I la seva última «casa» va ser, de fet, un cotxe.

Cada setmana l'anàvem a trobar, fidelment, tot i que no aconseguíem establir-hi una conversa. Un dia que plovia moltíssim tampoc vàrem faltar a la nostra cita. Aquest fet el va trasbalsar, no s'ho podia creure. «¿Aunque llueva y aunque nieve me vendréis a ver?», ens va demanar. A partir d'aquell dia alguna cosa va canviar en la nostra relació. El diàleg i la preocupació mútua van anar creixent. El record de velles cançons, els acudits, les històries del seu barri i una vida intensa anaven emergint. La seva amistat amb l'Eugenio, el Serrat o el Miguel Ríos l'enorgullia. «Vosotros me dais ilusión», ens deia en els moments foscos. Era un temps en què no s'imaginava (ni volia) arribar als 50 anys.

El Javi, tot i la situació en què vivia, era molt estimat, i gràcies a ell vam poder conèixer i ajudar altres persones que vivien al carrer. La seva clarividència i la seva humanitat no ens deixen de sorprendre mai. Per al Javi l'amistat és una cosa seriosa, la valora moltíssim i l'agraeix. Aquest ha estat el secret que l'ha ajudat a reduir la beguda i augmentar els moments de serenor. «¡Tú me dijiste que un paso pa'lante! Y yo lo hago porque me lo dices tú. Eres como mi segunda madre.» Quants petits «pasos pa'lante»!: tenir cura de la higiene personal, aprendre a administrar els diners, conservar el telèfon mòbil (un gran avenç, importantíssim per comunicar-nos més sovint), evitar les males companyies... A poc a poc va tornar a reclamar dignitat: «Yo quiero que me traten bien, que me digan las cosas bien.» Ha estat un camí que hem fet junts: voler dignitat, reclamar-la als altres i lluitar contra un mateix per guanyar-la.

Durant anys vam anar explorant diferents solucions amb els serveis socials perquè el Javi sortís del carrer. Tot i que cada petit pas endavant era un avenç, semblava que mai no n'hi havia prou, perquè la llosa de l'alcohol era un impediment per obtenir l'ajut definitiu: una casa. Però el Javi desitjava una casa, la dignitat d'una llar. No suportava canviar contínuament d'habitació i viure de manera provisional en pensions.

Aquesta situació ens va empènyer a buscar un pis pel nostre compte. Un altre amic nostre, el Pedro, es trobava en un carreró sense sortida: estava cansat de viure en un local ocupat, cansat de la duresa d'aquella vida al carrer que abans li havia semblat una decisió lliure, i es veia gran. Vam proposar-los conviure a la casa de Sant Francesc. Durant algunes setmanes la vam arreglar i la vam deixar ben bonica. El dia que la van anar a veure no s'ho podien creure: «Esto no es un piso, es un palacio», deia el Javi. «Aquí estaré para siempre con mi familia de Sant'Egidio.»

Ara, després de dos anys de convivència, som una veritable família. Durant la setmana reben visites i trucades. Alguns àpats els fem plegats. Al voltant de la casa es van creant els afectes i els lligams familiars que permeten veure el futur amb esperança. Quan es reconstrueix el coixí de solidaritat i amistat, la casa esdevé el punt de partida per començar una nova vida.

# VI. EL VINCLE EN EL BARRI DE SANTS I EL COMIAT DIGNE IMPOSSIBLE

Raquel Sancho Crous
Comunitat de Sant'Egidio

El Frank vivia pels voltants de l'estació, al barri de Sants. El vaig conèixer el 1997. Només parlava alemany. Era prim i anava ple de tatuatges. La vida al carrer el va portar a beure massa «vino rosado», com li agradava repetir en un correcte espanyol. Entre les coses que més estimava hi havia les postals que rebia d'uns amics d'Alemanya, les invitacions al dinar de Nadal de la Comunitat de Sant'Egidio i les fotos que li regalàvem amb motiu d'una sortida, una festa o un dinar. Més d'una vegada va manifestar el desig de tornar a peu a Magdeburg (Alemanya) passant per París. Al seu país natal esperava rebre una pensió.

El Frank va néixer en aquella ciutat de l'antiga Alemanya de l'Est el 16 d'abril de 1959. Allà tenia una bona feina i una parella amb qui convivia. Es volien casar. Un matí, quan es va despertar, se la va trobar morta al llit, al seu costat. Es va desesperar i va caure en una profunda depressió.

Quan tenia 25 anys el van posar a la presó diverses vegades per voler passar a l'altra banda del mur. Ho va intentar fins a cinc vegades. Les presons de l'Est eren terribles. Després de la caiguda del mur, el 1989, molts no van aconseguir tenir una vida normal perquè els quedava aquell trauma. Les difícils situacions que va viure i els problemes que no paraven de créixer van fer que al final marxés de Magdeburg. Va anar a peu fins a

París i des d'allà va continuar fins a arribar a Barcelona, on es va quedar a viure. Li agradava molt Espanya «perquè la gent és més oberta», deia; «en canvi, a Alemanya la gent només treballa i són molt més tancats».

El seu caràcter afable, rialler i simpàtic va fer que s'envoltés de bona gent, de persones del barri de Sants que l'ajudaven, hi parlaven, el saludaven, l'estimaven. Demanava caritat en un forn de pa de la plaça de Sants. A partir del 17 d'octubre de 2018 els veïns el van començar a trobar a faltar. S'estranyaven de no veure'l. Alguns van escriure correus i van trucar a Sant'Egidio per si en sabíem alguna cosa. Després de trucar a tot arreu i no tenir-ne cap notícia, finalment el 23 de novembre la policia va confirmar el pitjor dels pronòstics. El van trobar mort al carrer el 17 d'octubre de 2018, sense aparents signes de violència. La policia em va demanar si podíem anar a identificar el cos, ja que no tenia cap tipus de documentació.

La pregària en record seu es va fer el divendres 30 de novembre a l'església de Santa Maria de Sants. Un veí que el coneixia i hi parlava cada matí em va dir: «El Frank era un veí més del nostre barri.» A aquella pregària, que va fer descobrir la xarxa d'amistat i de solidaritat que es va teixir al seu voltant, hi van assistir més de cinquanta persones, que el van acomiadar i van trobar consol en aquell moment de remembrança.

El cos sense vida del Frank encara va estar sis mesos en una cambra mortuòria. Durant aquell temps la Interpol intentava localitzar algun membre de la seva família perquè l'identifiqués. Després de tants anys era molt difícil que trobessin algú. Els vam dir que ens avisessin si no trobaven ningú. Li volíem donar una sepultura digna. Quan hi vaig trucar el mes d'abril, l'acabaven d'enterrar feia alguns dies en una fossa comuna, sense cap cerimònia ni acte de comiat. Ens van informar que el seu cos descansava a Montjuïc, a la via de Sant Francesc. En aquest carrer, hi descansen tots aquells que reben enterraments de beneficència.

La història del Frank és paradoxal, però malauradament són moltes les persones sense sostre que no poden tenir un comiat i un enterrament dignes. Ell continua viu en el cor del seu barri de Sants i en la memòria de tots nosaltres.

# VII. DRET A UN CENTRE DE BAIXA EXIGÈNCIA

Beatriz Fernàndez
Cap de l'Equip Jurídic d'Arrels Fundació

El Pis Zero és un allotjament nocturn que Arrels Fundació va posar en marxa fa sis anys per donar resposta a persones que viuen des de fa temps al carrer i que no tenen cabuda en altres recursos. Disposa de deu places, que, des dels seus inicis, han ofert protecció a 136 persones.

El 76% de les persones que durant aquests cinc anys han passat pel Pis Zero ara viuen en habitatges individuals o compartits o han trobat una plaça estable en altres recursos. Són dades que parlen de la importància del model de baixa exigència amb el qual treballem al Pis Zero, que implica que l'atenció social s'adapta a la realitat de les persones que s'hi allotgen. Per exemple, s'hi pot entrar amb animals, s'hi permet el consum d'alcohol de manera pautada i no hi ha un temps d'estada màxim.

El Pis Zero respon al que, segons l'article 27 de la Proposició de llei de mesures transitòries i urgents per a fer front i erradicar el sensellarisme, es considera un centre de baixa exigència, definit com una «prestació de caràcter temporal, amb naturalesa de prestació garantida i que ha de tenir continuïtat mentre el beneficiari la necessiti». Està pensat per a «les persones que, com a conseqüència d'una emergència o d'una circumstància, d'una situació o d'una vulnerabilitat especialment greus, en tinguin necessitat; les persones que, tot i estar en la situació de sensellarisme, decideixin voluntàriament no acollir-se al servei d'un espai residencial digne; les persones que tinguin dificultats manifestes d'adaptar-se adequadament en un espai residencial digne, i les persones en situació de sensellarisme que no estiguin empadronades».

Així doncs, hi ha tres elements que són claus en aquest tipus de recursos: la baixa exigència o «alta tolerància», la situació d'especial vulnerabilitat de les persones beneficiàries i l'empadronament.

En primer lloc, la baixa exigència permet posar les persones en el centre de l'acompanyament perquè siguin les protagonistes del seu propi procés de transformació. Com diu en Javier Martín, que ha estat educador responsable del Pis Zero, «al Pis Zero som nosaltres qui ens adaptem a la situació de la persona, no elles al recurs».

Els espais de baixa exigència són espais adaptats i flexibles a la realitat d'aquelles persones que el fet de viure al carrer les ha mantingut extremadament excloses. En Rafa Montserrat, una persona que va estar vivint en el Pis Zero durant un temps, ho explicava així: «Yo, el tiempo que estuve aquí, estuve bastante acogido. Después de tanto tiempo en la calle y en la montaña, cuando entré aquí me quedé flipado. A raíz de estar aquí, pude saltar a otro sitio, pero aquí supe tratar con la gente, supe comportarme.» És a dir, es tracta d'espais on les persones amb experiència de carrer es senten segures i acollides.

Aquesta flexibilitat i aquesta adaptabilitat es veuen reflectides també en com es treballa des de la perspectiva de reducció de danys. Un centre de baixa exigència com el Pis Zero és un espai on el consum d'alcohol està permès, sempre sota la supervisió d'un professional, la qual cosa és bàsica per al bon funcionament del recurs. No se n'exigeix l'abstinència, però sí que se'n regula el consum, i l'experiència d'aquests sis anys confirma que els consums són més fàcils de reduir si la persona es sent segura i acceptada.

Finalment, el tercer element clau és l'accés a aquest tipus d'espais. A diferència de l'accés als espais residencials dignes, no és necessari que la persona estigui empadronada per poder accedir a un centre de baixa exigència. Si bé és cert que la Proposició de llei estableix l'obligatorietat d'empadronar a totes les persones que hi ha en un territori, les entitats i els serveis que treballem a peu de carrer sabem que hi ha situacions en les quals l'empadronament no és fàcil ni ràpid. Per això, aquest no pot ser un motiu per deixar d'oferir un aixopluc a les persones que es troben en situació de carrer. Els centres de baixa exigència tenen una gran rellevància, atès que permeten atendre i vincular aquelles persones a les quals els és més difícil accedir-hi, i poden ser un primer esglaó perquè puguin tenir accés a la resta de drets i serveis que els reconeix la Proposició de llei.

# VIII. SOBREVIURE A L'ESPAI PÚBLIC NO HAURIA DE SER MAI UN DELICTE

Guillem Fernàndez
Membre de l'Equip de Comunicació i Incidència d'Arrels Fundació

En Gustavo fa més de set anys que no viu al carrer. Va formar part de la «Llista invisible» per a les eleccions municipals del 2023 que vam impulsar des d'Arrels Fundació com a acció comunicativa i de sensibilització. La intenció era denunciar la vulneració de drets que implica sobreviure al carrer. Al llarg de la campanya, en Gustavo va voler expressar el seu malestar respecte a l'Ordenança de convivència de Barcelona. Durant els més de vuit anys que en Gustavo va viure en situació de carrer va acumular 28.000 euros en sancions. Ell mateix es definia dient: «¡Soy el rey de las multas! ¡Las multas me veían y venían hacia mí!» en un to irònic que amagava cansament, impotència, indignació i humiliació per trobar-se en una situació de carrer. «Me han multado por cocinar en la calle, por tomar en la calle, por dormir en la calle, por estar sentado en la calle..., siempre donde no debía.»

Les ordenances de convivència o civisme sancionen actes, però no persones. Dormir, acampar, exercir la mendicitat, l'ús inadequat de parcs i jardins, remenar i recollir escombraries i ferralla, rentar-se o banyar-se a l'espai públic i el consum de begudes alcohòliques són activitats penalitzades. En aquest sentit, les ordenances no sancionen directament les persones sense llar, però sí que sancionen les activitats que aquestes persones es veuen obligades a fer al carrer per no disposar d'un habitatge o un allotjament estable.

L'espai públic és un component essencial en la vida quotidiana de les persones que pernocten a la via pública o en allotjaments temporals i es veuen obligades a passar moltes hores a la intempèrie. Les activitats que tothom fa a casa seva per satisfer les necessitats més bàsiques es converteixen en una odissea, quan no en tens. Per aquest motiu, considerem que la incorporació d'aquestes accions en una norma administrativa que preveu sancions no es pot aplicar a tothom per igual en una societat extremadament desigual. Es tracta una problemàtica social des d'una perspectiva de seguretat o salubritat, com un problema de convivència i civisme, no des d'una perspectiva d'exclusió social.

L'Equip Jurídic d'Arrels Fundació va gestionar 140 expedients de multes a persones sense llar en situació de carrer durant l'any 2022. L'evidència mostra com s'ha arribat a l'extrem d'imposar una sanció per «manca d'higiene» o a multar fins a sis vegades en un mateix dia una mateixa persona. Les persones ateses moltes vegades no poden rebre les notificacions ni poden defensar-se o recórrer contra les multes. En molts casos les multes no seran pagades; s'han donat situacions en què aquestes sancions impagades, acumulades, es tradueixen en comptes corrents embargats o bloquejats, amb la conseqüent dificultat de disposar dels diners que sovint provenen d'ajudes socials reconegudes.

Les persones sense llar en l'espai públic es troben permanentment exposades a la vulneració de drets. Juntament amb les ordenances de convivència, proliferen les mesures d'arquitectura hostil a l'espai públic, que tenen per objectiu desincentivar un ús diferent al que s'havia pensat de certs elements del mobiliari urbà. El mapeig col·laboratiu organitzat el febrer de 2023 per Arrels Fundació amb 500 alumnes de 14 centres educatius va detectar 334 elements arquitectònics a Barcelona i l'Hospitalet de Llobregat que dificultaven la vida al carrer de les persones sense llar.

Un altre exemple de vulneració de drets és quan es llencen o es retiren les poques pertinences que les persones en situació de carrer poden haver guardat al seu lloc de pernoctació. Aquestes pràctiques per part dels serveis de neteja comuniquen un missatge d'«aquí no ets benvingut» i «no et volem en aquesta societat».

Però potser l'expressió més dura de la realitat de les persones que viuen a l'espai públic és la que vam recollir a l'informe *Viure al carrer a Barcelona. Radiografia d'una ciutat sense llar,* elaborat l'any 2021 a partir de 289 entrevistes a persones en situació de carrer, el qual mostrava que gairebé la meitat (46%) havien estat víctimes d'agressions, tant físiques com verbals. I segurament aquest és el percentatge de les persones que s'han atrevit a dir-ho, perquè hi ha qui no ho fa o qui ho ha normalitzat i no ho verbalitza i, encara menys, ho denuncia. Aquest fet pot explicar en part per què els casos d'aporofòbia[1] representen només el 0,6% dels atestats de delictes d'odi i discriminació l'any 2021 reportats pels Mossos d'Esquadra.[2] Totes aquestes problemàtiques aprofundeixen les situacions d'exclusió que ja estan patint les persones que viuen a l'espai públic.

Ordenances, arquitectura hostil, agressions i delictes d'odi s'aborden a la Proposició de llei, en el seu article 17, ja que les persones sense llar tenen dret a l'espai públic en igualtat de condicions amb la resta de la ciutadania, cosa que implica la prohibició de discriminar-les. Així, per exemple, la Proposició prohibeix que les ordenances municipals tipifiquin com a infracció administrativa les conductes de les persones sense llar en situació de carrer mentre no s'hagi fet efectiva la xarxa pública de serveis higiènics a què fa referència l'apartat

3 de l'article 17, o que es prevegi una atenció integral real i efectiva per a les persones víctimes de violència per aporofòbia (article 22).

La criminalització del sensellarisme només empitjora la situació. No podem acceptar ni normalitzar que hi hagi persones que visquin al carrer. Viure a l'espai públic no hauria de ser un delicte, perquè és una vulneració de drets.

## Notes

1. L'aporofòbia consisteix en el rebuig, el menyspreu o l'odi envers les persones pobres, sense sostre o sense llar. Llei 19/2020, del 30 de desembre, d'igualtat de tracte i no-discriminació.

2. https://bityl.co/MMOu.

# IX. EL DRET A L'EMPADRONAMENT. LEGALITAT I REALITAT

Sonia Lacalle Álvarez
Cap del Programa d'Assessoria Jurídica Social
i Acompanyament en Drets
Càritas Diocesana de Barcelona

L'article 15 de la Llei 7/1985, de 2 d'abril, reguladora de les bases de règim local (LRBRL), estableix que tota persona que visqui a Espanya està obligada a empadronar-se en el municipi en el qual resideixi habitualment, i que les persones inscrites en el padró municipal adquireixen la condició de veïns i veïnes del municipi.

La claredat de l'esmentat article deixa poc marge d'interpretació, atès que la seva contundència és una declaració de principis: l'acte d'empadronar-se es configura com una obligació de totes les persones residents a qualsevol municipi de l'estat, sense distinció entre persones en situació administrativa regular o irregular, persones llogateres, propietàries d'un habitatge o persones sense llar.

Però, tot i que la norma és clara, la realitat també ho és; les entitats que es dediquen a acompanyar persones en situació de sense llar són testimoni directe de com un acte administratiu aparentment tan intranscendent com és inscriure's en un registre administratiu (el padró) es converteix en una odissea sobretot per a les persones més vulnerables, com ara les persones que pateixen una situació de carrer.

L'LRBRL es va aprovar l'any 1985. La realitat social des d'aquell moment ha canviat molt. L'augment poblacional, amb l'arribada de persones migrades que necessiten acreditar l'empadronament per regularitzar la seva situació administrativa; el desenvolupament de moltes lleis i normes que vinculen directament el fet d'estar empadronat amb el gaudi de determinats drets fonamentals (com la participació política o l'educació) i altres drets constitucionals, que sense tenir la consideració de drets fonamentals són imprescindibles per viure amb dignitat (com el dret a la salut, a l'habitatge o a l'accés a determinades prestacions socials); l'increment de persones en situació de carrer, i també l'aprovació de lleis autonòmiques en matèria de serveis socials que exigeixen l'empadronament per atendre les persones, configuren l'empadronament com la primera fita a assolir per viure amb un mínim de dignitat.

No hi ha un recull de dades històric sobre persones en situació de carrer. La realitat de la seva existència i els dubtes i les dificultats en l'àmbit administratiu que generava el seu empadronament van donar com a resultat la resolució de la presidenta de l'Institut Nacional d'Estadística, que va dictar unes instruccions tècniques dirigides als ajuntaments sobre la gestió del padró municipal en les quals es tracta de forma directa i amb detall l'empadronament de les persones sense llar. El legislador, per tant, ha estat sensible en relació amb el tema de l'empadronament de les persones sense llar. Les dificultats per accedir-hi no deriven de la normativa d'aplicació, sinó de la interpretació restrictiva que en fan alguns ajuntaments.

El mandat és clar: les persones estan obligades a empadronar-se i l'ajuntament, a dur a terme les actuacions i operacions necessàries per mantenir actualitzat el padró, de manera que les dades contingudes concordin amb la realitat poblacional del municipi. Les persones sense llar també són veïns i veïnes del municipi. Igual que sabem qui és el nostre veí de replà, sabem en quin carrer viu aquella persona que veiem i saludem cada dia.

La futura Llei de mesures transitòries i urgents per a fer front i erradicar el sensellarisme incorpora com a novetat l'espai residencial digne, una prestació garantida configurada com un dret subjectiu de les persones sense llar que té com a finalitat que ningú acabi dormint al carrer. Però per gaudir d'aquest espai s'ha d'acreditar l'empadronament per tal de poder dissenyar els recursos atenent a la realitat social de cada municipi. Esperem que aquesta norma acabi de garantir el mandat legal que tenen tots els ajuntaments de Catalunya d'empadronar les persones sense llar i aquest fet sigui el primer pas per adoptar les mesures necessàries per erradicar el sensellarisme del nostre país.

# X. SENSELLARISME AMB PERSPECTIVA DE GÈNERES[1]

Elena Sala
Directora de l'Àrea d'Atenció a Persones
i responsable del programa Dones amb Llar. Centre ASSÍS

A les dones els afecten majoritàriament formes de sensellarisme que no es visibilitzen de forma evident a la via pública, sinó que passen de portes cap endins. És el que es coneix com a «sensellarisme ocult». De fet, quan una dona acaba en situació de carrer considerada «cronificada», l'experiència i l'evidència ens diuen que ho fa en pitjors condicions que un home en tots els sentits. Les dones presenten pitjors indicadors de salut física i de salut mental i un major deteriorament econòmic i relacional.

Les trajectòries de sensellarisme que viuen les dones estan significativament marcades per l'exposició a múltiples violències no només en les trajectòries prèvies –cosa que moltes d'elles tenen en comú–, sinó que, a més, un cop arriben a una situació de carrer, tenen més risc de tornar a ser violentades. Moltes han estat exposades a diferents esdeveniments traumàtics profundament marcats pel gènere que sovint s'inicien en la infància, es reprodueixen en l'edat adulta i es consoliden quan es troben en situació de sense llar. A més, arrosseguen llargues trajectòries de vinculació institucional on s'han sentit molt jutjades i han estat sotmeses, de forma continuada, a diferents prejudicis i estigmes que deixen una empremta ineludible.

Fins ara, les dones en situació de sense llar han tingut menys estructures d'oportunitat a les quals aferrar-se, atès que no existia una mirada específica a la seva realitat. Totes les polítiques i tots els recursos destinats a persones en situació de sense llar s'havien plantejat amb una clara mirada androcèntrica, és a dir, s'havien preparat per atendre un 95% d'homes en recursos i serveis en els quals, efectivament, després hi ha un 95 % d'homes. Per tant, aquests recursos no només no estaven preparats per atendre les particularitats del sensellarisme amb perspectiva de gèneres, sinó que sovint s'acabaven convertint en espais percebuts com a no segurs i, per tant, elles presentaven majors resistències per accedir-hi, així com pitjor adherència i vinculació.

La Proposició de llei per a fer front i erradicar el sensellarisme, actualment en fase de tramitació al Parlament, suposa una oportunitat per avançar en el reconeixement de determinats drets fonamentals i inclou la necessitat d'incorporar la perspectiva de gèneres en el sensellarisme en quatre potes essencials.

En primer lloc, en l'acompanyament social: les trajectòries i l'experiència pròpia del sensellarisme s'expressen de forma diferent segons els gèneres i, per tant, cal adequar la mirada i la forma d'acompanyar a les seves realitats i necessitats. En segon lloc, també situa la necessitat de fer-ho en els equips de carrer, fonamentals per treballar la vinculació i l'atenció primerenca. En tercer lloc, en els serveis de baixa exigència, que són, sens dubte, elements clau, portes d'entrada i garants de drets fonamentals. I, finalment, en els serveis residencials.

La llei, en aquestes quatre potes, insta a incorporar la perspectiva de gèneres, a conèixer i reconèixer les necessitats i les realitats del sensellarisme amb perspectiva de gèneres i a oferir, en alguns casos, espais d'atenció diferenciats, és a dir, a consolidar espais segurs i percebuts com a segurs.

Aquesta llei és un pas endavant en el reconeixement de l'especificitat del sensellarisme amb perspectiva de gèneres al qual esperem que en segueixin molts més. Si finalment la proposta de llei tira endavant, s'haurà fet una primera conquesta molt important, però continuarem tenint molta feina a fer. Haurem de treballar per concretar què vol dir incorporar aquesta mirada específica, entenent que no serà fàcil, que estem en fase d'aprenentatge i que encara hi ha molta opacitat i resistències. Ens caldrà continuar tenint mirada crítica i de gèneres. Ens caldrà no només parlar de sensellarisme femení, sinó obrir la mirada a la realitat del sensellarisme que viuen les persones pertanyents al col·lectiu LGTBIQ+, avui dia especialment invisibilitzat. Caldrà formació, espais per construir plegades i on incorporar les veus de les protagonistes sense oblidar que, malgrat les realitats complexes que les han travessat, són supervivents amb moltes capacitats i amb molt a dir.

## Nota

1. Aquesta col·laboració va ser publicada el 3 d'agost de 2023 a Social.cat, diari digital que n'ha autoritzat la reproducció.

# IX. EL DRET A LA MOBILITAT. LA IMPORTÀNCIA DE DISPOSAR DE TÍTOLS DE TRANSPORT PER ACCEDIR A SERVEIS COM MENJADOR, DUTXES, FORMACIÓ, TREBALL O SALUT

Salvador Busquets Vila
Director de Càritas Diocesana de Barcelona

Tot ésser humà, per desenvolupar-se, necessita desplaçar-se i descobrir el propi entorn. La mobilitat, la capacitat de desplaçar-se, són elements intrínsecs de la pròpia vida i estan presents en allò més quotidià, quan requerim moure'ns per poder ser, trobar-nos i viure.

Ara bé, les persones en situació de sense llar es mouen per sobreviure, sovint deambulant sense rumb ni destí. La seva mobilitat permanent és forçada pels factors hostils del carrer i les formes de control social, que les empenyen a buscar recer i caminar per trobar algun lloc on poder descansar. Tot i així, la seva capacitat de desplaçar-se està estretament relacionada amb els mitjans dels quals disposen.

La dificultat per tenir accés a qualsevol transport acaba esdevenint un obstacle permanent per accedir a serveis bàsics i recursos, buscar feina o veure's amb amics i familiars. Els desavantatges en el transport suposen, doncs, un impediment per a la llibertat de moviments dins i entre comunitats, clau per assolir certa estabilitat i millorar la situació de les persones sense llar.

La falta de mitjans per moure's, més enllà del fenomen del sensellarisme, ha estat identificada com un factor que contribueix a l'exclusió social. En un context on s'assumeixen uns alts nivells de mobilitat per a tota la població, no assolir-los com a conseqüència de la manca d'ingressos suficients i estables significa una barrera per participar plenament de la societat i assolir una vida digna.

A més, l'accés al transport és també un factor determinant per a la salut, ja que tota limitació en el moviment impedeix la ràpida connexió amb els serveis sanitaris i l'accés a béns materials bàsics també en moments d'urgència.

El context vital de la persona en situació de sense llar i la proximitat al transport públic acabaran determinant la seva vinculació i predisposició a sortir-se'n i vincular-se a entorns que li brindin oportunitats residencials, socials i laborals. Quan parlem d'accés als serveis socials i altres recursos que acompanyen les persones en situació d'exclusió residencial, cal tenir molt present que haver de recórrer una llarga distància per arribar-hi pot esdevenir un element dissuasiu, i que per sortir d'una situació de carrer la mobilitat és condició necessària.

Els obstacles d'accés al transport representen una gran limitació al dret a la mobilitat. El bus, el metro, el tren, la bicicleta i fins i tot el cotxe —encara que menys sostenible— són usats per satisfer les necessitats en el nostre dia a dia. Quan no en podem disposar, les oportunitats es veuen empetitides. A més, hi ha exigències de mobilitat inherents al sistema vinculades a les persones en situació de sense llar, com visites presencials, cites amb l'administració o requeriments judicials. Així doncs, viatjar en transport públic acaba esdevenint vital per establir i mantenir el vincle amb entitats o ens públics i iniciar processos d'acompanyament i sortida del carrer.

És per tot això que la Proposició de llei de mesures transitòries i urgents per a erradicar el sensellarisme reconeix la importància de la mobilitat com a qüestió fonamental per trencar les barreres que limiten la participació a la vida social, econòmica i política a tothom qui viu en aquestes circumstàncies. No es poden garantir altres serveis previstos pel redactat com la consigna, la bugaderia o la dutxa sense vetllar perquè qualsevol persona s'hi pugui atansar. Apostem per assegurar la mobilitat com a element indispensable en l'atenció a les persones en situació de sense llar, com també per permetre el seu benestar accedint a entorns lluny d'on es veuen abocats a estar. Brindar l'accés a un títol de transport és una porta per accedir a llocs, persones i serveis que estan més enllà d'on el propi cos, sense un ajut extern de transport, pot arribar.

## Bibliografia


Aykanian, A. (2022). How Transportation Disadvantage Hinders Mobility, Service Access, and Exiting Homelessness. *International Journal on Homelessness*, *2*(2), 1-16. https://doi.org/10.5206/ijoh.2022.2.14811

Bachiller, S. (2009). Significados del espacio público y exclusión de las personas sin hogar como un proceso de movilidad forzada. *Revista Española de Investigaciones Sociológicas*, *128*, 125-137. https://bityl.co/MbZA

Roark Murphy, E. (2019). Transportation and homelessness: a systematic review. *Journal of Social Distress and Homelessness*, *28*(2), 96-105. DOI: 10.1080/10530789.2019.1582202

Uribe, J. (2022). Formas de (in)movilidad de las personas sin hogar en situación de calle. Uso del espacio, negociación y margen de gestión de su vida. *Pedagogia i Treball Social, Revista de Ciències Socials Aplicades*, *11*(2), 88-117.

# UNA LLEI CATALANA PELS DRETS DE LES PERSONES SENSE LLAR: LA PROPOSICIÓ DE LLEI DE MESURES TRANSITÒRIES I URGENTS PER A FER FRONT I ERRADICAR EL SENSELLARISME

# XII. EL CONTINGUT DE LA PROPOSICIÓ DE LLEI DE MESURES TRANSITÒRIES I URGENTS PER A FER FRONT I ERRADICAR EL SENSELLARISME[1]

Antoni Milian i Massana
Catedràtic de Dret administratiu
de la Universitat Autònoma de Barcelona

La Proposició de llei de mesures transitòries i urgents per a fer front i erradicar el sensellarisme, amb la pretensió de regular de manera integral les dues primeres categories conceptuals de sensellarisme i exclusió residencial de les quatre que preveu la classificació ETHOS, esdevé un text extens que ordena una gran quantitat d'aspectes, temes i matèries. Explicar-ne amb deteniment tot el contingut exigiria un nombre de pàgines considerable. Ara i aquí, doncs, em limito a destacar-ne els punts més sobresortints, a partir dels quals crec que el lector pot fer-se una idea prou cabal d'allò que disciplina i aporta la Proposició.

## Les persones beneficiàries de la Proposició

Les persones a les quals va adreçada la Proposició són, d'una banda, les persones que viuen al ras (a la intempèrie) i, de l'altra, les persones que no tenen una llar i que dormirien al ras si no fos perquè una administració o una entitat social els facilita un espai cobert on pernoctar.

Com és sabut, les manifestacions del sensellarisme són molt diverses i han estat recollides en una tipologia europea de sensellarisme i exclusió residencial denominada ETHOS, que les agrupa en 13 categories operatives. Els supòsits que regula la Proposició de llei comprendrien aproximadament les categories 1, 2, 3, 4, 5, 6 i 7 d'aquella tipologia.

La tria no és arbitrària: les persones beneficiàries de la Proposició comprenen els supòsits de sensellarisme consistents en la manca de sostre o d'habitatge, i no abraça els supòsits d'habitatge insegur o inadequat. A diferència d'aquests supòsits, que tenen un tractament més o menys adient –però el tenen– en la legislació d'habitatge, els supòsits de què s'ocupa la Proposició de llei no tenen cap tractament legal específic. En les poques lleis que fan alguna menció del sensellarisme (Llei 18/2007, de 28 de desembre, del dret a l'habitatge; Llei 12/2007, d'11 d'octubre, de serveis socials, i Llei 19/2020, de 30 de desembre, d'igualtat de tracte i no-discriminació), aquesta menció és sempre genèrica i no s'hi troba cap mesura estructurada destinada als casos que la Proposició regula. D'aquí la seva importància, perquè pretén omplir un buit legal en un àmbit en què la dignitat humana està crebantada. D'altra banda, els supòsits escollits permeten fer-ne un tractament homogeni, cosa que ja no seria possible si n'hi afegíem d'altres.

### Els objectius de la Proposició

Els objectius que persegueix la Proposició mitjançant les mesures que conté els podem agrupar en els quatre següents. Primer, posar fi de manera immediata a la situació de dormir al ras, bo i garantint un espai residencial digne a totes les persones que no disposen d'habitatge; amb la garantia de l'espai residencial digne s'erradiquen les categories 1 i 2 d'ETHOS. Segon, mitigar la situació de penúria i fragilitat de les persones en situació de sensellarisme, especialment de les sense sostre, bo i potenciant l'accés a serveis ja existents i garantint-ne de nous específics. Tercer, promoure, entre les cinc modalitats d'espai residencial digne, les que consisteixen en establiment residencial, allotjament dotacional i, sobretot, habitatge d'inserció. I quart, tendir a fer que totes les persones beneficiàries de la Proposició accedeixin, si encara no han obtingut un habitatge d'inserció, a un habitatge, una vegada assolits els altres tres objectius.

## L'espai residencial digne

La Proposició de llei crea l'espai residencial digne. Aquesta figura, que és l'element cabdal de la Proposició, pot consistir en cinc modalitats: pensió, hotel, alberg, establiment residencial o allotjament dotacional, i habitatge d'inserció. La Proposició parteix dels recursos disponibles, però exigeix que siguin «dignes»; és a dir, perquè sigui un espai digne, qualsevol d'aquelles modalitats ha de complir una sèrie de requisits, com, per exemple, estar disponible les vint-i-quatre hores del dia, disposar de dimensions suficients per desenvolupar-hi la vida privada amb respecte al dret a la intimitat o comptar amb espai per tenir-hi objectes personals.

A través de l'espai residencial digne, la Proposició, com hem dit a l'apartat 2, garanteix un sostre i un espai a qualsevol persona, bo i permetent posar fi a les situacions assimilables a les categories 1 i 2 d'ETHOS.

Per tal de garantir el servei d'espai residencial digne, la Proposició incorpora les quatre primeres modalitats a la Cartera de Serveis Socials i les hi introdueix com a prestació garantida, cosa que fa que els crèdits que la Generalitat de Catalunya consigni en els seus pressupostos per finançar aquella prestació siguin ampliables, d'acord amb allò que estableixi la llei de pressupostos corresponent. D'aquesta manera, la prestació del servei d'espai residencial digne esdevé un dret subjectiu que les persones en situació de sensellarisme poden fer valer davant de l'administració i que, si són desateses, els permet exigir la prestació efectiva del servei davant dels jutjats i tribunals. D'altra banda, el servei d'espai residencial digne és configurat com a servei bàsic i, als efectes de la legislació d'estrangeria, com a servei i prestació social bàsics, la qual cosa fa possible que hi puguin accedir les persones estrangeres amb independència de la seva situació administrativa. Cal, però, per accedir-hi, estar empadronat.

Una vegada erradicades les categories 1 i 2 d'ETHOS, objectiu per al qual la Proposició fixa un termini de dos anys, l'espai residencial digne desplega, gràcies a la seva versatilitat, una segona funció, com és la d'encaminar les persones beneficiàries de la llei cap a les modalitats que més afavoreixen l'autonomia personal. Per tal d'assolir aquest segon objectiu, la Proposició ordena prioritzar els habitatges d'inserció, o els que s'hi puguin equiparar, amb la pretensió que, en el termini de cinc anys, les modalitats d'espai residencial digne habituals siguin la dels establiments residencials i la dels habitatges d'inserció. Per tant, a partir d'aquell termini, les modalitats de pensió, hotel, alberg, o els allotjaments equiparables, han de passar a tenir un ús residual, limitat als supòsits d'emergència i d'urgència, a les situacions provisionals i a cobrir, en la mesura que els recursos de les altres dues modalitats siguin insuficients, les necessitats de reclusió derivades de situacions de crisi sanitària extraordinària, i d'extraordinària i urgent necessitat. Per cert, per a les situacions de crisi persistents, la Proposició obliga les administracions públiques a habilitar espais tancats, segurs i dignes, si les diferents modalitats d'espai residencial digne no eren suficients per recloure totes les persones.

Els municipis de més de 50.000 habitants que compten amb més de 20 persones en situació de sensellarisme han d'elaborar i aprovar un Pla d'actuació municipal contra el sensellarisme, que, entre altres previsions, ha de preveure la programació dels espais residencials dignes; programació que ha de fer possible l'evolució d'aquells espais cap a les modalitats que millor garanteixen l'autonomia personal de les persones beneficiàries.

Pel que fa a l'ordenació de l'espai residencial digne en la modalitat d'habitatge d'inserció, la Proposició es remet a la normativa específica d'aquests habitatges, si bé en regula l'adjudicació i l'accés, alhora que dicta normes en relació amb les prestacions econòmiques per al pagament del lloguer dels habitatges esmentats o del cost del règim d'ús que s'hagi establert. Per facilitar-ne el pagament i, per tant, l'accés, la Proposició crea una nova prestació social de caràcter econòmic. Amb totes aquestes previsions sobre els habitatges d'inserció es persegueix donar efectivitat a l'article 70 de la Llei del dret a l'habitatge i que la dotació d'habitatges d'inserció arribi a les persones que pateixen el sensellarisme normalment més crònic. Per reblar-ho, la Proposició de llei conté encara un mandat de modificació de la Llei del dret a l'habitatge amb l'objectiu d'incrementar el nombre d'habitatges d'inserció que estiguin destinats a cobrir les necessitats d'espais residencials dignes en la modalitat d'habitatge d'inserció. La Proposició de llei no és, ni pretén ser, una llei del dret a l'habitatge, però connecta amb la normativa d'habitatge.

### Altres drets i serveis

A més de procedir a garantir un sostre i un espai residencial digne, la Proposició de llei, amb la pruïja d'atenuar la privació i el patiment de les persones en situació de sensellarisme i de dignificar la seva vida durant el període transitori en què s'articula aquella garantia, i conscient de la complexitat del fenomen del sensellarisme que fa que probablement quedi una població residual en aquesta situació, promou l'exercici de drets i l'accés a serveis ja existents (exercici del dret d'inscripció en el padró, accés als serveis socials, accés a l'assistència sanitària, accés a les prestacions de la renda garantida de ciutadania, accés a l'ingrés mínim vital, accés als serveis i programes del sistema d'ocupació de Catalunya, exercici del dret de sufragi) i en consagra de nous: dret al servei de consigna, al servei de bugaderia, al servei de dutxa, a una alimentació digna, a obtenir un títol de transport gratuït dins del terme municipal del municipi on resideixin i estiguin empadronats, i el dret a un comiat digne en el traspàs, que comprèn el dret a la prestació del servei de tanatori (sala de vetlla i oratori).

En ser l'empadronament la porta prèvia per poder posteriorment gaudir de determinats drets i per accedir a la majoria de prestacions i serveis, la Proposició recorda l'obligació dels municipis d'inscriure en el padró municipal totes les persones en situació de sensellarisme que hi resideixin, i recull, d'acord amb la normativa estatal i amb la finalitat que les persones esmentades disposin d'un domicili, la intervenció dels serveis socials i la figura del «domicili fictici».

Les persones sense sostre i sense llar amb prou feines compten amb un lloc on romandre durant les vint-i-quatre hores del dia que no sigui l'espai públic. Per això, es veuen abocades a realitzar-hi moltes de les necessitats indispensables i peremptòries que qualsevol persona porta a terme en els seus espais privats. Davant d'aquesta realitat, la Proposició de llei, a més de recordar el dret de les persones en situació de sensellarisme a gaudir de l'espai públic en condicions d'igualtat amb la resta de la ciutadania, afegeix disposicions específiques que permeten l'ús singular d'aquell espai a fi i efecte de fer-hi possible la satisfacció d'aquelles necessitats. Així, per exemple, mentre no estigui plenament garantit el dret a un espai residencial digne i mentre no es compti amb un nombre suficient de centres de baixa exigència, la Proposició de llei disposa que no es pot impedir a les persones en situació de sensellarisme la conducta de dormir en la via pública o en altres espais públic oberts, llevat del cas en què el lloc ocupat impedeixi de manera manifesta el trànsit lliure de les persones, o que de manera clara i evident comporti riscos per a la persona que hi dorm o per a tercers.

Una menció especial en l'apartat de serveis la mereix el recurs del centre de baixa exigència. Pensat especialment per reposar-hi i pernoctar-hi, aquest recurs es configura com a prestació garantida i servei bàsic dins de la Cartera de Serveis Socials, i com a servei i prestació social bàsic als efectes de la legislació d'estrangeria. En la mesura que és un instrument elemental i particularment útil per a situacions d'urgència i d'emergència, l'accés al centre de baixa exigència no requereix la condició d'haver d'estar empadronat.

## Instruments i actuacions de les administracions públiques

Perquè es puguin dur a terme les previsions de la Proposició, ella mateixa conté els instruments per fer-ho possible i preveu les actuacions que les administracions públiques han d'efectuar per assolir-les. Entre els instruments, la Proposició institueix els plans d'actuació municipal contra el sensellarisme, els equips de carrer i els recomptes de contrast i les enquestes. Entre les actuacions, destaquen la persecució de la pràctica d'alguns municipis de desplaçar persones en situació de sensellarisme per allunyar-les-en, l'obligació de prestar assistència sanitària a les persones que viuen al carrer o el tractament i la persecució de l'aporofòbia. Això últim permet que la Proposició s'erigeixi en escut protector de les persones en situació de sensellarisme davant dels corrents discriminatoris, xenòfobs i racistes. En relació amb l'aporofòbia, i en l'àmbit de les seves competències, la Generalitat de Catalunya ha de prestar una atenció integral real i efectiva a les persones que en siguin víctimes. En regular les situacions de necessitat consistents en episodis climàtics extrems o en situacions de crisi sanitària extraordinària, i d'extraordinària i urgent necessitat, la Proposició institueix els instruments i ordena les actuacions adequades per afrontar-les.

Al llarg de tot l'articulat, la Proposició té presents les necessitats i les exigències que, en cada cas, requereix la perspectiva de gènere.

Per tal que l'actuació de les administracions públiques sigui eficaç i eficient, la Proposició fomenta les relacions interadministratives d'acord amb els principis, entre altres, de col·laboració, cooperació i coordinació entre les administracions públiques, té present el nivell supramunicipal —comarca o ens associatiu creat específicament, província i Àrea Metropolitana— i afavoreix la connexió de les persones en situació de sensellarisme amb els serveis sanitaris, assistencials i d'inserció sociolaboral.

Pel que fa al finançament dels serveis socials bàsics, la Proposició es remet a allò establert en la Llei de serveis socials i, per als altres serveis i activitats, articula la corresponsabilitat de les administracions implicades i disposa que el Govern de la Generalitat de Catalunya ha de garantir la suficiència financera dels municipis i assegurar el compliment de la legislació d'estabilitat pressupostària i sostenibilitat financera.

L'activitat administrativa es basteix sobre la base de la col·laboració pública privada, amb un paper rellevant de les organitzacions i entitats socials, i promou, allà on escau, la col·laboració dels col·legis professionals l'activitat dels quals pot beneficiar les persones en situació de sensellarisme.

## Mesures per a l'eficàcia de la Proposició

Per tal d'assegurar l'eficàcia i garantir el compliment de la Proposició, aquesta incorpora diverses mesures. Podem esmentar, per exemple, el recordatori de la possibilitat de fer ús de la representació de les persones en situació de sensellarisme davant de les administracions públiques per part de les entitats socials legalment reconegudes que tenen cura d'aquestes persones; l'atribució a aquestes entitats de la legitimació per a la defensa dels drets i interessos legítims col·lectius de les persones en situació de sensellarisme, o el reconeixement de la condició de persona interessada en els procediments administratius sancionadors per a les persones en situació de sensellarisme que denunciïn haver estat víctimes d'alguna de les conductes infractores tipificades en la Proposició, reconeixement que es fa extensiu a les entitats socials esmentades.

Amb l'establiment d'un règim d'infraccions administratives i sancions, la Proposició cerca el respecte al seu contingut, i a la vegada poder perseguir qualsevol vulneració dels drets de les persones en situació de sensellarisme.

## Cal una llei per fer front al sensellarisme normalment més crònic?

El repàs del contingut mateix de la Proposició ja posa en relleu que, si volem arremetre de manera decisiva contra el sensellarisme que sol ser més crònic, ens cal una llei. Com hem dit abans, el col·lectiu de persones en situació de sensellarisme que regula la Proposició està mancat de normes que se n'ocupin. Disposem de plans, marcs o estratègies que aborden el sensellarisme, instruments vàlids i necessaris que la mateixa Proposició recolza en crear plans i en ordenar la redacció d'una estratègia integral que comprengui tot tipus de sensellarisme, però es tracta d'instruments de naturalesa executiva, administrativa i de gestió, amb algun tret reglamentari, que els fa necessàriament limitats i de caire pal·liatiu si no disposen d'una llei prèvia que els habiliti a adoptar determinades mesures. Si volem garantir de manera efectiva un sostre, un espai residencial digne com a dret subjectiu que permeti reaccionar davant dels tribunals en el cas d'incompliment de la prestació, garantir com a drets els serveis que la Proposició conté, atribuir i redistribuir competències en matèria de sensellarisme entre les administracions públiques, impedir que es pugui sancionar la conducta de dormir al carrer, permetre que la persona en situació de sensellarisme que presenta una denúncia sigui al mateix temps interessada en el procediment sancionador, crear una prestació social de caràcter econòmic..., ens cal obligatòriament una norma amb rang de llei, perquè són matèries a ella reservades. Una norma amb rang de llei que, per cert, en ser aprovada pel Parlament, pot comprometre un espectre polític més ampli i gaudeix d'una legitimació superior a la d'una decisió merament governamental.

Només amb una llei, doncs, i és allò que ambiciona la Proposició de llei que ara es tramita en el Parlament de Catalunya, podem regular de manera integral i específica, més enllà de fer-ho de manera pal·liativa, el sensellarisme que sol ser més crònic. Mentre els plans, els marcs i les estratègies estan sotmesos al vaivé polític, la Proposició de llei, una vegada esdevinguda llei, dotarà la lluita contra el sensellarisme més crònic d'una base sòlida i permanent, inexistent fins ara, capaç de posar fi al flagell d'aquest fenomen.

## Nota

1. Aquest text coincideix pràcticament amb el resum del contingut de la Proposició de llei que es va lliurar en la Jornada Una llei catalana pels drets de les persones sense llar, que fou organitzada per la Universitat Autònoma de Barcelona amb la col·laboració de la Comunitat de Sant'Egidio, de Sant Joan de Déu Serveis Socials Barcelona, d'Arrels Fundació, de Càritas Catalunya i d'ASSÍS Centre d'Acollida. La Jornada, presidida pel doctor Javier Lafuente, rector de la Universitat Autònoma de Barcelona, tingué lloc el dia 10 d'octubre de 2022 a l'Aula Magna de la UAB - Casa de Convalescència.

# XIII. QUÈ APORTA LA PROPOSICIÓ, SI S'APROVA COM A LLEI?

Salvador Maneu Marcos
Director de Sant Joan de Déu Serveis Socials, Barcelona

Les entitats promotores de la Proposició de llei de mesures transitòries i urgents per a fer front i erradicar el sensellarisme considerem que la futura llei pot esdevenir la peça clau per redreçar una situació que ha anat empitjorant qualitativament i quantitativament els darrers anys d'acord amb els informes oficials i les diagnosis sobre el sensellarisme a Catalunya i al conjunt d'Espanya.[1] Les entitats promotores hem abocat ingents esforços convençudes que la llei ens permetrà avançar de forma decidida en l'erradicació del sensellarisme a Catalunya. El context en què naixerà la futura llei ve marcat per aquestes claus o tendències:

- Es fa evident una tendència cap a la polarització de les edats, amb un increment de persones joves menors de 29 anys —un terç de les quals provenen del sistema de protecció de menors— i persones grans majors de 60 anys.
- Augmenta de forma preocupant el sensellarisme familiar, sobretot de mares amb infants a càrrec, contingut de forma precària en pensions i hostals, fet gravíssim en tant que constitueix una transmissió generacional de la pobresa que caldria trencar. El dia de demà, aquests infants vulnerables d'aquestes mares vulnerables no haurien de ser ciutadans adults pobres.
- El sensellarisme femení també augmenta més enllà del vinculat al sensellarisme familiar.

- S'observa un increment de persones sense llar d'origen extracomunitari, majoritàriament en situació administrativa irregular, amb un repartiment que oscil·la entorn del 60% estrangeres —40% espanyoles.
- La incidència de la salut mental diagnosticada també va a l'alça, a la qual cal sumar la no diagnosticada.
- Observem un any més com la dificultat de trobar habitatge és cada cop major, i en zones com les grans ciutats i les seves àrees metropolitanes esdevé gairebé impossible. Aquest mur infranquejable en el qual sovint es converteix l'accés a un habitatge acaba col·lapsant el sistema d'acollida i acompanyament a les persones sense llar.
- Les condicions d'accés al mercat laboral són molt precàries pel que fa als salaris, les jornades de treball i la durada de les feines.
- En definitiva, es constata novament com el sensellarisme és cada vegada més complex i polièdric i sovint és el mirall de tots els desajustos i totes les imperfeccions del sistema, especialment d'un mercat de treball molt precaritzat, d'una llei d'estrangeria que genera exclusió social i d'un mercat de l'habitatge excloent i inassolible amb un parc d'habitatge públic i/o social de lloguer residual.[2]

Aquesta anàlisi qualitativa té lògicament la seva correspondència en el terreny quantitatiu, i és que el fenomen s'agreuja, malgrat que les dades disponibles són parcials i incompletes, entre altres raons perquè la pràctica de recomptes és minoritària i no es fa amb una metodologia comuna ni contrastada. No tothom vol comptar, i aquells municipis que ho fan no empren una metodologia comuna. En ciutats com Badalona o l'Hospitalet de Llobregat, el recompte de 2023 revela com s'ha doblat el nombre de persones sense sostre (categoria 1 Ethos). Si agafem el cas de la ciutat de Barcelona, els informes municipals situen la realitat del sensellarisme (també de la categoria 1 Ethos) sistemàticament per sobre de les 1.100[3] persones, deixant molt enrere la xifra de 693 persones de 2015, tot i l'increment continuat de places d'acollida. D'aquestes persones, només el 10% ha viscut sempre a Barcelona i el 50% fa menys de cinc anys que hi estan empadronades,[4] probablement per l'atracció de la ciutat i també per la manca de recursos i oportunitats a les seves ciutats d'origen, fet que revela un problema d'equitat territorial i de desplaçament de persones entre municipis.

L'informe *Salari de referència metropolità* de l'Àrea Metropolitana de Barcelona de 2022 situa en 1.447 euros el mínim per poder cobrir les necessitats bàsiques d'una persona que visqui a l'àrea metropolitana, 100 euros més que el 2021 i un 38% d'increment en els últims sis anys. Aquest salari pondera les diverses realitats familiars segons la tipologia de les llars, i arriba a enfilar-se fins a 2.453 euros en llars amb un sol progenitor i dos menors a càrrec.

En definitiva, la situació de vulnerabilitat i exclusió residencial no s'atura. Més aviat la realitat és d'un desbordament que s'agreuja: tot i que les places residencials augmenten a tots els municipis, les persones que sofreixen situacions de sensellarisme no minven, sinó que augmenten, especialment en determinats col·lectius i grups socials. Les xifres oficials, parcials i incompletes, no ho reflecteixen encara, atès que la situació s'està contenint amb recursos temporals com ara pensions, hostals, centres, etc., però el pronòstic no és favorable.

Per descomptat, la realitat de Catalunya no difereix gaire del que succeeix arreu de l'Estat, a Europa i en general als països amb economies avançades, tot i la creixent preocupació de les institucions europees i internacionals per combatre aquesta xacra social que s'ha traduït en diverses iniciatives de caire polític i, en algun cas, legislatiu.

En el context europeu i internacional, el Pilar Europeu de Drets Socials, les resolucions del Parlament Europeu de 2020[5] i 2021,[6] la Declaració de Lisboa sobre la plataforma europea per combatre el sensellarisme i les directrius del relator especial de les Nacions Unides de 2020 són molt clars en les seves orientacions. Per la seva banda, els Objectius de Desenvolupament Sostenible de les Nacions Unides esdevenen un marc de referència en l'abordatge de les polítiques per fer front al sensellarisme i erradicar-lo, especialment els objectius 1, 8, 10 i 11.

En el context espanyol, l'Estratègia Nacional 2015-2020 va esdevenir un primer pas significatiu però insuficient.[7] Amb posterioritat, s'han aprovat nous instruments com el Pla Estatal d'Accés a l'Habitatge 2022-2025,[8] l'Estratègia Nacional de Desinstitucionalització: per a una vida en comunitat 2023-2030 o la recentment aprovada Llei 12/2023, pel dret a l'habitatge, tots ells molt ambiciosos. En tot cas, caldrà estar amatents a la dotació pressupostària que permeti un ple desplegament d'aquests instruments.

A Catalunya, els esforços duts a terme han estat meritoris però també insuficients. La Llei de serveis socials de 2007 i el posterior Decret de la Cartera de Serveis de 2010 només esmenten el sensellarisme de passada; l'actual Pla Estratègic de Serveis Socials apunta tímidament algunes orientacions de les polítiques de futur, i, finalment, el Marc d'acció per a l'abordatge del sensellarisme a Catalunya 2022-2025 desbloqueja la paràlisi dels anys anteriors, tot i que ho fa sacrificant compromisos de l'Estratègia de 2016 que mai es va arribar a aprovar i amb un pressupost exigu i clarament insuficient.[9]

Les entitats promotores de la Proposició de llei de mesures transitòries i urgents per a fer front i erradicar el sensellarisme considerem que la futura llei pot esdevenir la peça clau per taponar «l'hemorràgia actual» i avançar de forma decidida en l'erradicació del sensellarisme a Catalunya.

De ben segur que la llei contribuirà a fer menys feixuc l'èxode penós al qual es veuen sotmeses les persones sense llar i a oferir motius per a l'esperança d'un futur més digne.[10] També servirà per esperonar el Govern de la Generalitat i els governs locals a prendre mesures més contundents, eficaces i eficients amb una mirada a curt, mitjà i llarg termini, i no com ara, que massa sovint impera la resposta a l'emergència més propera en el temps.

La futura llei és sens dubte una iniciativa pionera en el context legislatiu europeu que té per objectiu erradicar les manifestacions de sensellarisme més crònic tipificades a les categories 1, 2, 3, 4 i 7 de la classificació ETHOS.[11] Al meu entendre, la llei fa una sèrie d'aportacions que busquen un canvi sistèmic en l'abordatge del sensellarisme:

**Primera. La llei capgira l'abordatge del sensellarisme a Catalunya en reconèixer un seguit de drets bàsics a les persones en situació de sense llar,** i orienta d'aquesta manera les polítiques públiques dels propers anys. Estem convençuts que la seva aprovació marcarà un punt d'inflexió històric, amb una clara voluntat d'influir en les legislacions d'altres comunitats autònomes i regionals europees.

M'aturo breument en la figura de l'espai residencial digne, configurat com un dret de caràcter subjectiu, de tal manera que qualsevol persona el pot sol·licitar davant el seu ajuntament i el pot reclamar davant els tribunals en cas d'incompliment. És, sens dubte, la pedra angular de la llei. L'accés a un espai residencial digne deixa de ser, doncs, una prestació social en mans de les administracions per passar a ser un *dret* de les persones sense llar al qual les administracions han de donar compliment.

Això significa que pressupostàriament s'ha de preveure per part dels ajuntaments i que la Generalitat ha d'establir partides de despesa i inversió en els seus pressupostos anuals a fi que el conjunt d'administracions hi puguin donar resposta.

És important destacar que no estem davant una llei d'habitatge, perquè el sensellarisme és molt més complex que l'absència d'un habitatge, tot i que certament connecta amb la legislació d'habitatge estatal i de Catalunya en preveure aquesta figura jurídica de l'espai residencial digne específica per a les persones en situació de sense llar, sobretot quan aquest es concreta en habitatges d'inserció. L'espai residencial digne s'ha de preveure sempre, allà on de moment no arribin els habitatges d'inserció, com l'avantsala per accedir a un habitatge en igualtat de condicions que la resta de la ciutadania.

El sensellarisme és una qüestió de manca o impossibilitat d'accedir a un habitatge, però no solament això. Va més enllà, i té a veure amb factors estructurals relacionats amb l'accés a la salut, a l'educació, al treball i al reconeixement i gaudi de drets socials, econòmics, civils i polítics bàsics. I les persones que pateixen aquesta penosa situació sovint aprofundeixen en les causes i conseqüències en preguntar-se pel sentit de la seva vida. Sense voler caure en una frivolitat, m'atreveixo a afirmar que tant de bo el sensellarisme només fos un problema d'habitatge.

**Segona. La llei ordena la cooperació entre administracions i amb les entitats socials i esperona el Govern de la Generalitat a impulsar instruments de planificació.** Els actuals mecanismes de cooperació Generalitat-ajuntaments, a través dels contractes programa, incorporen per primera vegada des del 2023 un capítol específic per abordar el sensellarisme, tot i que amb una dotació pressupostària testimonial.[12] Al seu torn, l'Agència d'Atenció Integrada Social i Sanitària també preveu mecanismes d'ajuda i cooperació entre administracions, i és d'esperar que el sensellarisme complex ocupi un lloc preeminent en l'ordre de prioritats.

En el cas de les realitats metropolitanes, la llei ajudarà a impulsar polítiques de cooperació entre ajuntaments i no de competició, com sovint passa ara. En tot cas, la llei legitima aquesta cooperació necessària entre administracions i pot ser una bona oportunitat per endreçar i ordenar tot el que ja s'està fent.[13]

**Tercera. El text conté una previsió específica per donar resposta a les situacions de sensellarisme complex.** En destaco tan sols l'article 21, que obliga les administracions públiques a coordinar els seus protocols socials i sanitaris en l'atenció a persones sense llar. La llei vol posar fi a les duplicitats i els buits competencials actuals i combatre d'aquesta manera la ja coneguda i habitual situació d'abocar les persones a la intempèrie un cop reben l'alta mèdica o hospitalària. El que per a la majoria és una bona notícia, per a una minoria es converteix en una pèssima notícia.

**Quarta. La llei s'orienta a l'impuls de polítiques preventives.** És una aportació molt remarcable el fet que la llei s'orienta clarament a polítiques i instruments de caràcter preventiu, que sempre són més eficients que les mesures d'urgència i a la vegada estalvien altres costos col·laterals.

El més significatiu és la reducció de la despesa en salut. Una persona que visqui en un espai residencial digne serà menys demandant de serveis de salut que una persona que viu al carrer. La salut sense una llar és molt cara i ineficient.

Si fem una mirada més llarga, en el mitjà i llarg termini —de cinc, deu o quinze anys—, els recursos invertits per pal·liar el sensellarisme en el marc d'aquesta llei comportaran una despesa global inferior a l'actual i amb un major retorn social de la inversió: més persones pagant els seus lloguers, més persones treballant i cotitzant, disminució de la càrrega en el sistema sanitari, etc.

**Cinquena. La llei ajudarà a fixar un pressupost anual més ambiciós que l'actual.** La Proposició de llei, en comportar nova despesa social, no entra en vigor fins a l'aprovació dels pressupostos de l'any següent. Sempre hem defensat que no és una llei cara, més aviat és barata. Caldrà lògicament fer una memòria econòmica que acompanyi el desplegament de la llei, tenint en compte que una part d›aquesta despesa ja s›està executant en aquests moments a través dels ajuntaments i la Generalitat, com he detallat anteriorment.

No és una llei cara, però crec que tothom deu estar d'acord en el fet que tota llei que atorga drets comporta una despesa pública afegida. Un escenari raonable seria disposar d'un pressupost 2024 a l'empara d'aquesta nova llei de 50 milions d'euros —actualment, 25 milions— i el 2025 i els anys següents, de 75 milions d'euros. Aquesta previsió pressupostària, unida als esforços que ja fan els ajuntaments amb finançament propi, permetria fer un salt endavant de qualitat en la protecció de les persones sense llar i en l'erradicació d'aquesta anomalia social que és el sensellarisme.

**Sisena. La llei aporta equitat territorial** oferint garanties que tota persona en situació de sense llar ha de poder ser atesa de la mateixa manera visqui on visqui, sense necessitat de transitar d'un municipi a un altre per cercar recursos socials de suport.

En aquest sentit, la llei obliga a fer recomptes, primer pas imprescindible per poder articular polítiques eficaces, i recorda una obligació legal preexistent d'empadronar qualsevol ciutadà —també les persones sense llar.

La llei atorga el dret de les persones sense llar a ser representades per entitats socials acreditades en la seva relació amb les administracions públiques i en la defensa dels seus drets.[14] Aquesta previsió ajudarà a resoldre dubtes i a buscar solucions de comú acord amb els ajuntaments.

La pràctica totalitat dels ajuntaments de Catalunya volen resoldre adequadament una situació que no agrada a ningú. I les entitats socials volem tenir un rol actiu en la resolució de tots aquells casos que requereixin la nostra intervenció.

En aquest punt és important tenir una mirada harmonitzada de tots els municipis per evitar una expulsió de persones sense llar d'un ajuntament a un altre. En el cas de les grans ciutats de Catalunya, és crític fer-ho amb una mirada metropolitana o de gran ciutat que desborda els límits del municipi. Entre tots i totes ens hem de convèncer que el que molesta és el sensellarisme, no les persones que el pateixen i que massa sovint són víctimes d'actituds aporofòbiques. I la llei contribuirà a canviar aquesta mirada.

**Setena. La llei aporta estabilitat i seguretat en les polítiques públiques de lluita contra el sensellarisme.** Un cop s'aprovi aquesta llei, Catalunya disposarà d'un marc legal protector que, juntament amb el marc estratègic del Govern, aportarà seguretat i estabilitat en les polítiques públiques de lluita contra el sensellarisme. Algú podria pensar que la llei complicarà les coses, però més aviat contribuirà a resoldre problemes; serà un instrument molt valuós per legitimar polítiques públiques. La llei aportarà una mirada llarga en l'abordatge del sensellarisme. Estem davant un pacte polític i social de llarg recorregut.

**Vuitena. La llei indica un camí a altres legislacions regionals.** La llei ha causat un cert interès en altres comunitats autònomes i també en plataformes europees com ara Feantsa.

Som conscients que el sensellarisme afecta persones que no són considerades com a tals, els «ningú», víctimes de la cultura imperant «del descart» —en paraules del papa Francesc—, persones a les quals es nega la condició de ciutadania. En el curt termini crec que no tindrà un impacte significatiu perquè no és una llei d'abast universal al conjunt de la societat, afortunadament, i també en part perquè hi ha una certa incredulitat i un cert escepticisme per part de la ciutadania pel que fa a l'eficàcia de normes aprovades pels parlaments regionals o estatals, o fins i tot pel Parlament Europeu.

Estic segur, però, que quan la llei es comenci a aplicar i les altres normes i polítiques públiques de caire social siguin més sòlides, especialment en matèria d'habitatge, i Catalunya comenci a reduir el nombre de persones que hi ha vivint als carrers, l'interès per com ho hem fet serà notable. Serà en aquell moment quan podrem dir que Catalunya ha reduït el nombre de persones sense llar gràcies, en part, a aquesta llei.

Per això nosaltres estem convençuts i convençudes que és una llei que marcarà un punt d'inflexió històric en la lluita contra el sensellarisme.

## Unes consideracions finals per acabar...

El sensellarisme és un reflex de les imperfeccions i els desajustos del sistema, a vegades locals i a vegades també de caire global i estructural. La força centrífuga del nostre sistema és sempre major que la seva força centrípeta. Ha estat sempre una realitat incòmoda present a tots els temps històrics que ens han precedit, i em temo que ho seguirà essent en el futur. Però el que és determinant com a ciutadans i ciutadanes individuals i com a societat és el nostre llindar d'acceptació d'aquesta realitat, on situem el llindar d'acceptació del sofriment aliè. Ho hem de concebre sempre com una imperfecció a superar, i no com un fet inevitable contra el qual no es pot fer res.

Les entitats promotores sempre hem defensat, doncs, que aquesta llei serà la més important de la present legislatura, si el conjunt del Parlament així ho vol. Serà la llei que aposta per la dignitat de les persones sense llar, de les persones que cerquen una llar, i contribuirà a construir un país millor, un país més solidari, un país més digne.

Dignificant la vida de les persones més fràgils ens dignifiquem com a societat.

**Notes**

1. Dades provinents de l'informe d'activitat dels anys 2021, 2022 i primer semestre de 2023 de Sant Joan de Déu, Diagnosi 2022. La situació del sensellarisme a Barcelona, elaborat per la Xarxa d'Atenció a Persones Sense Llar de Barcelona, l'Informe 2022 de l'Institut Nacional d'Estadística, l'Encuesta a las personas sin hogar. Año 2022 de l'Institut Nacional d'Estadística i l'Informe Foessa 2021 de Càritas Espanyola.

2. El parc d'habitatge social se situa a l'entorn del 2% en el conjunt de l'Estat, molt lluny del 15% de la mitjana europea i del 30% de països del nostre entorn com ara els Països Baixos. Font: Cohabitac, 2017, mencionat a l'INSOCAT, núm. 14, d'abril de 2022, de la federació ECAS.

3. Segons dades del SASSEP (equips de carrer). Els informes mensuals des del mes de maig de 2023 estan aflorant nous increments i situen la xifra per sobre de les 1200 persones.

4. Nota de premsa de l'Ajuntament de Barcelona, 31.01.2023.

5. 24 de novembre de 2020.

6. 21 de gener de 2021.

7. Actualment està en fase d'elaboració l'Estratègia Nacional 2023-2030.

8. En vigor des del 20 de gener de 2022.

9. El pressupost assignat al Marc d'acció és de 12 milions d'euros, que, sumats als 8,9 milions d'euros específics per a l'abordatge del sensellarisme de l'Agència de l'Habitatge de Catalunya, afloren

un pressupost global de prop de 21 milions d'euros per a 2023. Si hi sumem els fons provinents de les subvencions IRPF i COSPE del Departament de Drets Socials, podem arrodonir la xifra en uns 25 milions d'euros. Per posar en context aquesta xifra, analitzem les dades disponibles d'alguns ajuntaments catalans: l'Ajuntament de Barcelona hi destina 70 milions d'euros (43 milions d'euros per a les categories Ethos 1, 2 i 3, i 27 milions d'euros en pensions per atendre desnonaments per impagament de lloguers; l'Ajuntament de Girona hi destina prop de 2 milions d'euros, 1'5 milions per al centre d'acolliments i serveis socials La Sopa, 100.000 euros per a l'Operació Fred i més de 500.000 per a ajuts d'urgència; l'Ajuntament de Lleida, 2.677.939,89 euros, dels quals calen 455.345,74 euros per atendre els temporers; l'Ajuntament del Prat de Llobregat, 886.000 euros, dels quals 266.000 euros provenen del contracte programa amb la Generalitat i la resta, de fons propis municipals.

10. Manllevo la referència bíblica de l'èxode del discurs de la germana Anabela Carneiro, superiora general de les Germanes Hospitalàries del Sagrat Cor en l'obertura del Congrés d'Inclusió Social de les províncies europees de les Germanes Hospitalàries del Sagrat Cor i l'Orde Hospitalari de Sant Joan de Déu celebrat a Viena el 16 de juny de 2023.

11. La classificació ETHOS: https://bityl.co/MQks.

12. El pressupost del Marc d'acció per a 2023 és de 12 milions d'euros. Cal afegir-hi, com he dit abans, el pressupost de 8'9 milions d'euros de l'Agència de l'Habitatge de Catalunya, majoritàriament per a inversió en adquisició d'habitatges per a persones sense llar i una part menor per a ajuts en el pagament de lloguer. Aquest pressupost de l'Agència no es canalitza a través dels contractes programa mencionats, sinó d'acord amb les sol·licituds dels ajuntaments i a través de convocatòries de subvencions adreçades al tercer sector social.

13. Articles 34, 35 i 36.

14. Article 39.

# APUNTS SOBRE EL SENSELLARISME

# XIV. ELS SENSELLAR: FETS, NO PARAULES

Norbert Bilbeny
Catedràtic d'Ètica de la Universitat de Barcelona

Davant de les persones sense llar falten els fets i sobren les paraules. Poques vegades trobem una distància tan gran entre el que diem i el que fem. I, pitjor, entre el que diem i el que, en realitat, pensem.

Reconèixer la situació del sensesostre sembla esmunyir-se del nostre enteniment, com l'aigua que s'escola pels forats d'un colador. Ell o ella són desconeguts i, a més, anònims. No estan en el padró i, a més, no tenen domicili. Estan sols i, a més, marginats. Són pobres i, a més, estan malalts. No voten, ni són contribuents. Són uns éssers humans no identificats i, a més, uns éssers incòmodes.

¿Com ser «solidari», doncs, amb qui «no es té res en comú» llevat de la nua «hominitat»? De fet, el freqüent discurs de la solidaritat és ineficient, a part d'hipòcrita, amb els qui arrosseguen carn i ossos com els nostres però una misèria que escapa al nostre estret sentit de la comunitat i la justícia. Massa motius, per tant, perquè aquest ésser inofensiu no ens resulti al mateix temps provocador. Perquè davant d'ell o ella no sapiguem què fer, què dir i, el pitjor, què pensar.

Molts dels qui veuen un sensesostre s'hi senten reflectits. I això, tant perquè hi veuen una persona afí —«aquest podria ser jo»— com, al contrari, perquè just hi veuen la persona que miren de no ser i que detesten. Sempre es troba una excusa per desentendre's del marginat i, si cal, per dir que ho està perquè s'ho ha buscat. En últim terme, per dir que no s'hi pot fer res. És una imatge que portem massa a la motxilla, i la motxilla la duem a l'esquena. Pesa, però no es veu. I farem, en aquest cas, per sentir que no pesi. Millor, doncs, mirar cap a un altre costat i no pensar-hi. Tot un èxit, si ja no hi pensem més. Que pensi per nosaltres la caritat. Donem una almoina o d'altres ja li'n donaran. La caritat ha de seguir funcionant. Una virtut benemèrita, un recurs de la comoditat i alternativa a una solidaritat impracticable. La tranquil·litat que, amb la caritat, complim amb la consciència i no ens sabem pas éssers indiferents i sense sensibilitat.

En un extrem hi ha el discurs de l'odi i el rebuig de l'altre, aquest que ara no té llit ni sostre. En un grau menor que això hi ha la indiferència: mirar l'altre, caigut, com qui veu ploure. Nul·la sensibilitat. En l'altre extrem es troba l'amor a l'altre, la sentida fraternitat. I, una mica menys que això, hi trobem la compassió, la sensibilitat que no ens deixa indiferents. Són dues cares contraposades a l'hora de pensar i fer a l'entorn de la gent sense sostre. Entre totes aquestes cares encara n'hi ha una altra, equidistant: aquesta de la caritat. Creure i confiar en la caritat d'un mateix, o en la dels altres. La caritat desmenteix que siguem inhumans i alhora evita posar veritablement a la pràctica la nostra humanitat. Perquè la relació amb el sensellar no és com la relació amb qualsevol altre individu i situació. Prop de casa meva, a l'entrada d'una estació de ferrocarril, acostuma a seure a terra un rodamon que dona el bon dia a tothom que passa mentre para la mà. Alguns cops he vist que un conegut escriptor, que viu per la zona, li torna la salutació i li diu quatre coses amb gran amabilitat. Després d'això, continua el seu camí, amb un vestit impecable i el pas senyorial. No sé si amb això deu considerar que ja ha complert; si se'n torna més o menys satisfet d'intercanviar, educat, unes paraules amb el sensellar assegut sobre un cartó al terra de la plaça.

La caritat és bona, és millor que la manca de caritat, però no és el millor de tot. És una posició equidistant entre fer i no fer, entre pensar en l'altre i evitar-ho. Les paraules, els gestos i els actes de la caritat ajuden, però no són pas tot allò que es pot fer i que s'ha de fer amb els qui no tenen llit ni sostre. Moltes vegades el discurs de la caritat, com el de la solidaritat, se satisfà en ell mateix i contamina el propi pensament amb la convicció que ja es fa del tot o que ja es fa prou. No obstant, més que amb les paraules, els gestos i els fets concrets en nom de la caritat o de la solidaritat, allò que importa és la implicació real en la solució o, si més no, la millor gestió de la situació dels homes i les dones sense llar. Una pregunta incòmoda per als candidats a un càrrec de govern municipal o de barri és: «Què pensa fer amb la gent que dorm al carrer?» Haurien de tenir una resposta i un programa definit, i això no s'acostuma a tenir. Falten lleis, pressupost, accions. I el més important: voluntat i iniciativa.

Cada barri, ciutat, país, es juga la seva imatge i la seva vàlua en la manera com tracta també la gent sense llar, tan ciutadans com la resta, tinguin papers o no. El ciutadà que dorm de dia sobre cartons i deambula de nit arrossegant la seva casa dins d'un carretó del supermercat és per a alguns un ésser a part i no és un ciutadà. Allò que, mentrestant, es troba a faltar i ue hauria d'existir és un programa efectiu d'allotjament de nts tipus per a la gent sense sostre. Aquest allotjament naria la caritat en justícia, la compassió en implicació, en acció i fets. Una gran part dels sensellar trau- quest programa. D'altres, per diferents raons, hi hauria més remei, si se'ls han ofert els is —residència, sanitat, acompanyament, eixar que continuessin vivint al carrer. cas, el barri i la ciutat haurien de roveïment de racons públics i de no fos insegura i humiliant.

Un país es mesura també per com tracta els seus marginats i com evita, a la fi, que n'hi hagi. Les propostes per una política justa i eficient amb els sensesostre tenen el gran obstacle de la impopularitat entre els veïns insolidaris i porucs, i, per tant, el fet de ser una rèmora per pescar vots entre aquests. Però no hi ha excusa per a ningú, i menys per als responsables polítics de la comunitat.

# XV. ELS SENSELLAR I LA BÍBLIA

Armand Puig i Tàrrech
Professor de l'Ateneu Universitari Sant Pacià

Un dels béns més preciosos en la història de la humanitat és la casa. És essencial tenir una casa on viure, on poder alimentar-se i descansar, conversar i llegir, distreure's i meditar. De fet, quan en la Bíblia es vol desitjar el pitjor per a algú, es fa referència a l'absència de llar i a la condició de persona errant: «Que els seus fills siguin captaires i vagabunds, que pidolin lluny de casa, ara en ruïnes» (Salm 109,10). La promesa de Déu inclou tenir una casa on habitar i una heretat on conrear els aliments. Déu garanteix una casa a aquells que són cercadors de bé i s'aparten del mal. La casa és un do del Senyor, un lloc on no caben les rampinyes ni l'hostilitat, on els qui l'habiten troben una companyia que els dona goig i gaubança, i on els forasters que hi són acollits descansen de les seves fatigues. Diu el Salm: «Decanta't del mal i fes el bé, i habitaràs en una casa per sempre» (37,27).

La casa és un espai on conflueixen la misericòrdia de Déu i la seva protecció constant del pobre. Déu no abandona el pobre a la seva sort. De fet, el qui acull el pobre fa com Déu, el qual, com també diu el Salm, «dona casa als desemparats» (68,7). D'altra banda, Déu s'erigeix en vigilant del bé més preciós, el primer que un ésser humà té dret a tenir: la casa. Déu és l'amic que guarda tant la construcció material que permet viure a sopluig, en uns espais adequats a les necessitats de la persona humana, com el teixit de relacions que constitueixen una família i fan que la casa sigui una llar. En el llibre de Job, s'hi llegeix aquesta frase: «Déu, l'amic, em guarda la casa» (29,4). Per això les persones que no tenen casa no necessiten tan sols un espai més o menys agençat per poder-hi habitar, sinó una convivència veritable en la qual l'afecte sigui l'aire que s'hi respiri.

En efecte, una casa és el lloc on es neix, on es viu i on es mor. Tota la vida es desenvolupa en referència a un habitatge que s'anomena «casa meva»; no qualsevol casa, sinó aquell espai que, em pertanyi o no, és l'àmbit de la meva llibertat. La casa és l'espai de la intimitat de la persona o persones que l'habiten perquè són una família o bé un grup d'amics. Hi ha una relació directa entre la casa i la qualitat de les relacions que s'hi estableixen. Així, per exemple, quan, en la paràbola del fill pròdig, el fill petit veu que ha arribat al límit de les seves possibilitats, es diu a si mateix: «Aniré a trobar el meu pare» (Lluc, 15,18). I, quan torna a casa del seu pare, aquest surt a rebre'l i li dona entrada a la que torna a ser casa seva. El fill pròdig recupera el pare i la casa del seu pare, on se celebra un gran banquet de retrobament. El fill que ha abandonat la casa del pare ara «ha tornat a la vida» (v. 32), és a dir, torna a tenir pare i casa, el bé que va lligat amb la paternitat que havia perdut.

En la seva infantesa, Jesús no és cap fill pròdig, sinó un infant pròfug. I més endavant serà un sensellar, un home que decidirà deixar la casa paterna i fer una vida itinerant al servei d'una causa superior: el Regne de Déu. Llavors, Jesús es tornarà un nòmada, una persona sense el domicili fix que va tenir a Natzaret fins a l'edat de trenta anys i on va viure i treballar de fuster i, probablement, de ferrer. El petit Jesús, a l'edat d'uns dos anys, deixa Betlem, on vivia amb els seus pares, Josep i Maria, i tots tres van a Egipte, perquè el rei Herodes el

Gran el persegueix amb intencions de matar-lo. Jesús passarà a Egipte un cert temps (un any?) esperant que Herodes mori i després tornarà al país d'Israel. Ha de fugir per força, i Josep, que comprèn la situació, preserva la vida de l'infant, alertat per una revelació divina.

Ara bé, allò que sorprèn és que Jesús, ja adult, entengui que ha de viure anant de poble en poble, acompanyat dels seus deixebles (vegeu Lluc 9,58). El seu desig és fer arribar a la gent el missatge d'un Déu amic que vol revelar la seva misericòrdia, i que ho fa mitjançant ell mateix, Jesús, el Fill en qui Déu ha dipositat tot el seu amor. Jesús, doncs, no té llar, però és en darrer terme perquè ningú no es quedi sense llar, sense l'escalf de la proximitat d'un Déu que es fa petit i feble. Fins i tot els qui no tenen llar, com els cecs i altres malalts, ara, amb Jesús, troben qui els doni una llar, és a dir, un espai d'amistat i companyia, que és fruit de la guarició. N'hi ha prou de llegir el relat del cec de Jericó (vegeu Marc 10,46-52).

En el moment culminant de la seva vida, a la creu, mentre viu els últims instants de la seva existència, Jesús pensa en la seva mare, que és allí, al seu davant, al costat de Joan, el deixeble estimat. Llavors, ell, que havia viscut sense casa durant tres anys, confia la seva mare a Joan dient-li: «Aquí tens la teva mare» (Joan 19,27). Joan entén què vol dir acollir Maria, i l'evangelista escriu: «D'aleshores ençà el deixeble la va acollir a casa seva.» Jesús no vol que la seva mare es quedi sense el coixí d'afecte que suposa tenir un fill i una casa, ara a Jerusalem, i abans d'expirar dona una llar a tots els sensellar de la història. Els dona una família, els dona una comunitat on mai no perdran la dignitat.

# XVI. UN ESPAI SEGUR

Lídia Pitarch
Doctora en Seguretat Humana i Dret Global
per la Universitat Autònoma de Barcelona

L'Abdul té vint-i-dos anys i en fa cinc que viu a Catalunya. Primer, al camp; després, de ciutat en ciutat. Fa un mes que dorm en un solar on s'ha fet una construcció amb tanques de ferro i palets de fusta. Va mudar-s'hi quan un incendi va reduir a cendres la nau industrial on vivia amb cinquanta homes més i d'on va sortir viu per atzar. Són les vuit del matí i arrossega, amb esforç, un carretó de supermercat. Dedica aquest dia, com tots els altres, a inspeccionar contenidors i sacs de runa. Camina sostenint-se, de tant en tant, el pit amb una mà. Ell creu que té alguna costella trencada per culpa d'una agressió que va patir fa unes setmanes, quan li van trencar una cadira de fusta a sobre, però en realitat té una pneumònia crònica que el matarà el proper hivern. No es visita amb cap especialista, perquè no està empadronat.

Quan passa per la plaça de l'Ajuntament s'acosta als pòrtics, on fa uns dies va conèixer la Leila: una dona d'uns cinquanta anys que dorm allà protegida darrere d'una tanca metàl·lica, arraulida sota cartrons que li fan de sostre. L'Abdul li porta menjar; ella li diu que li recorda el fill que fa més de vint anys que no veu. La Leila fa més de deu anys que viu entre pisos ocupats, pensions, la presó, habitatges socials i, últimament, al carrer entre portals, places i parcs. Però avui no hi és. Tampoc hi serà demà, ni demà passat. Aquesta nit ha volgut posar fi a la seva existència després d'una vida de cops, de violència, d'agressions. Després que un home li hagués cremat el cabell quan es va negar a fer-li una fel·lació, després que un altre l'hagués colpejada amb una vara de ferro, després que l'arrosseguessin escales avall de l'immoble on vivia, després de veure-ho tot fosc.

Aquestes històries, que pel seu dramatisme poden semblar exagerades, són malauradament mostres de les vivències de moltes de les persones que viuen entre les formes més visibles del sensellarisme. A Espanya, segons les dades de l›Institut Nacional d'Estadística de 2022, més de la meitat de persones sense llar han estat víctimes d'algun delicte o agressió, i prop de 7 de cada 10 han estat víctimes de robatoris de pertinences o documentació i han estat insultades o amenaçades. El 60 % de les agressions són al lloc on dormen, i el 81 % de les persones han estat agredides més d'una vegada.

Es tracta d'una violència que té en molts casos diferències de gènere. Un cop al carrer, l'entorn és masculí i l'exposició a violències i assetjaments és tan elevada que requereix traçar estratègies de supervivència en les quals el cos és sovint la moneda de canvi, tàctiques que, tot i que potser valoren com un mal menor, les aboquen a un major risc (Bretherton, 2017; Huey i Berndt, 2008; Sales i Guijarro, 2017).

Més enllà de la violència, que és la manifestació més visible i dramàtica de la inseguretat, no tenir un espai propi també repercuteix en la resta de dimensions de la seguretat humana, concepte originat en un informe de les Nacions Unides de principis dels anys noranta que estableix que la seguretat comprèn altres dimensions essencials: tenir salut, educació, ocupació, habitatge, aliment, seguretat jurídica i igualtat, entre d'altres; són drets bàsics que mesuren el benestar social i prevenen amenaces socials futures a l'estructura social d'un estat democràtic de dret.

Les persones en situació de sensellarisme tenen dificultats greus per mantenir l'economia pròpia i subsistir; per aconseguir i mantenir un habitatge; per obtenir una alimentació suficient; en l'accés als recursos de salut; en la participació política; en la igualtat en l'accés als recursos públics quan no tenen padró, quan consumeixen drogues i/o tenen la salut mental deteriorada, ja que és freqüent l'escassetat de recursos en la intersecció d'exclusions socials i en són perpètuament discriminades.

Sense un espai segur on descansar, on dormir, on rentar-se, la seva salut física i mental minva dia rere dia. Accedir a les cites que l'Administració requereix per fer qualsevol tràmit, des d'obtenir el padró fins a visitar-se per un especialista o interposar una denúncia, són odissees per a les persones que no disposen d'un lloc on ser localitzades. Trobar feina i mantenir la seva economia és, a simple vista, un repte inassequible. Amb tot el conjunt de necessitats descobertes, d'espais on es denega o s'esquiva el seu accés, el carrer les absorbeix. Però, al carrer, la resposta ciutadana i institucional es debat entre la seva assistència i la seva expulsió (Pitarch, 2020).

En aquesta línia, diferents resolucions de les Nacions Unides[1] i d'institucions de la Unió Europea[2] han insistit en el fet que la pobresa i la falta d'habitatge no són un delicte, i han peticionat la retirada de regulacions que afectin pejorativament l'accés a drets i garanties públiques de les persones en situació de sensellarisme per la seva condició d'exclusió social. Com a resultat, l'Estratègia de l'Estat espanyol[3] situa la funció dels serveis de seguretat pública en sensellarisme per a la detecció i l'assistència primerenca. A Catalunya, el Marc d'acció preveu la necessitat d'enfocar el treball a l'espai públic en la població en situació de sensellarisme des de la mediació.[4] A Barcelona, la Mesura de govern prioritza la protecció de les dones en situació de sensellarisme davant les múltiples formes de violència que pateixen.[5]

D'aquesta manera, i com preveu al seu articulat la Proposició de llei de mesures transitòries i urgents per a fer front i erradicar el sensellarisme, la protecció de la seguretat humana en les persones que viuen en les capes més visibles del sensellarisme passa per disposar d'un espai residencial digne, que la Proposició defineix com un espai cobert, d'ús individual o col·lectiu, amb dimensions i condicions suficients per desenvolupar-hi la vida privada. La Proposició, però, també consagra nous drets específics, com el dret a un centre de baixa exigència, el dret als serveis de consigna, bugaderia i dutxa o el dret a l'espai públic, cosa que recondueix el treball de les institucions cap a l'atenció social en lloc de cap a la denúncia o el desplaçament de les persones de l'espai on fan vida mentre no tinguin cap altra opció. En tots els aspectes anteriors, la Proposició pren en especial consideració la perspectiva de gènere per acollir les necessitats de seguretat de les dones, que necessiten espais propis, tant per dormir com on fer vida, on reconstruir.

L'espai residencial digne, així com la resta de drets de caràcter prestacional que la llei estableix, esdevenen els camins de sortida, trampolins, coixins, en contraposició amb la cruor del carrer, que és el camí d'entrada a una cadena de friccions que ancoraran la persona al lloc d'on és més difícil sortir.

## Bibliografia

ASSÍS. (2022). Enquesta de persones ateses 2021. https://bityl.co/MQlR.

Bretherton, J. (2017). Reconsidering Gender in Homelessness. *European Journal of Homelessness*, *11*(1), 1-22.

Huey, L., i Berndt, E. (2008). «You've gotta learn how to play the game»: Homeless women's use of gender performance as a tool for preventing victimization. *Sociological Review*, *56*(2), 177-194.

King, W. R., i Dunn, T. M. (2004). Dumping: Police-Initiated Transjurisdictional Transport of Troublesome Persons. *Police Quarterly*, *7*(3), 339-358.
Kinsella, C. (2012). Re-locating fear on the streets: homelessness, victimisation and fear of crime. *European Journal of Homelessness*, *6*(2), 121-136.
Kushel, M. (2022). Violence Against People Who Are Homeless: The Hidden Epidemic. University of California, San Francisco. https://bityl.co/MQlW.
Langegger, S., i Koester, S. (2016). Invisible homelessness: Anonymity, exposure, and the right to the city. *Urban Geography*, *37*(7), 1030-1048.
Nacions Unides. (1994). Desenvolupament Humà 1994. https://bityl.co/MQla.
Pitarch Rodriguez, L. (2020). *Perdidas en la ciudad: juventud sin techo en las ciudades imantadas: entre la seguridad humana y la exclusión social* [Tesi doctoral]. Universitat Autònoma de Barcelona. https://ddd.uab.cat/record/238235
Sales, A., i Guijarro, L. (2017). Dones sense llar. Reflexions i reptes per a les polítiques socials. *Barcelona Societat. En profunditat.* https://bityl.co/MQlc.
Sanders, B., i Albanese, A. (2016). «It's no life at all». Rough sleepers' experiences of violence and abuse on the streets of England and Wales. *Crisis.*
Stuart, F. (2014). From «Rabble Management» to «Recovery Management»: Policing Homelessness in Marginal Urban Space. *Urban Studies*, *51*(9), 1909-1925.

## Notes

1. Consell de Drets Humans de les Nacions Unides: Resolució 43/14 (2020), Resolució 21/11 (2012).
2. Resolucions del Parlament Europeu, de 16 de gener de 2014, sobre una estratègia de la UE per a les persones sense llar, i Dictamen 2014/271 del Comitè de les Regions del Consell de la Unió Europea.
3. Estratègia Nacional Integral per a Persones sense Llar 2015-2020.
4. Generalitat de Catalunya (2022), Marc d'acció per a l'abordatge del sensellarisme a Catalunya 2022-2025.
5. Ajuntament de Barcelona (2019), Mesura de govern per a la prevenció del sensellarisme femení a Barcelona 2020-2023.

# XVII. DE BON MATÍ A LA MEVA CONSULTA

Beatriu Bilbeny de Fortuny
Metgessa de Família, CAP Drassanes (Raval Sud). Membre de la Junta del Col·legi Oficial de Metges de Barcelona

El Josep* era un pacient de mirada afable i poques paraules. Caminava arrossegant els peus, mal calçat, i per les cames li regalimava líquid degut a la malaltia cardíaca, perquè no es tractava i mai no es podia netejar. Aquell dia, la infermera li va explorar els peus, plens d'úlceres, però ell explicava que no venia mai a la consulta perquè creia que no li calia. Va aparèixer silenciós, queixós pel dolor, i, en retirar-li les benes podrides dels dies de pluja, vam veure-li els cucs movent-se per entre les ferides.
(*Els noms dels pacients han estat canviats.)

Ell és un cas que descriu la realitat de la *mala* salut de les persones en la situació de sensellarisme: la manca d'un espai per tenir cura d'un mateix, la falta d'higiene, la mala alimentació, el poc descans, la inseguretat física, la impossibilitat d'aixopluc de les inclemències climàtiques i de gestionar-se la pròpia medicació o l'ús d'un bany. Tenir-ne o no condiciona enormement la salut i la cura de la malaltia de les persones, de la mateixa manera que no disposar d'una xarxa de suport suposa un aïllament que precipita l'empitjorament. Fa emmalaltir, i a la inversa, algunes persones amb afectacions de salut mental o addiccions, o ambdues coses, tenen un risc important d'acabar sense sostre. Alhora, aquells que no consumien, quan cauen al carrer, sovint inicien el consum per fer front a la duresa de dormir sobre l'asfalt.

Viure al carrer redueix l'esperança de vida i incrementa clarament el risc de morir per malaltia o per agressió (fins a dotze vegades més en dones i vuit en homes).[1]

> El Juan* és un home d'uns 60 anys, alt i robust, de pell fosca i mirada trista, i ja era la quarta vegada que el veia assegut a la sala d'espera d'urgències, sempre a primera hora del matí, adormit. Els seus peus i les seves úlceres, els dolors articulars. A la consulta va acabar confessant que passava les nits dalt del NitBus viatjant fins a les cinc de la matinada perquè no tenia cap lloc on dormir. Els matins d'hivern són durs.

La manca d'habitatge, com a determinant social de la salut primordial, ens remou com a metges per la severa afectació que té en la salut dels nostres pacients sensellar i ens fa reivindicar i recuperar la seva dignitat. Mirar als ulls les persones que ningú mira, parlar-los amb respecte, interessar-nos per la seva situació i els seus malestars: aquesta és la nostra essència com a sanitaris, i sovint suposa l'única vegada que es veuen reconeguts com a persones, identificats com a ciutadans, validats com a pacients, resignificats en una història d'oblits permanents.

L'estudi ESELLA,[2] que avalua l'estat de salut de les persones sensellar vinculades a dues entitats de Ciutat Vella, a Barcelona, durant el 2019, va evidenciar una diferència important de prevalença de les patologies respecte a la població general: les cròniques respiratòries es multiplicaven per quatre, la cardiovasculars es triplicaven i les hepàtiques s'incrementaven fins a vint vegades. La detecció de VIH i hepatitis també mostrava grans diferències (18% i 43%, respectivament, *versus* el 0,4% i l'1% en població general).

La càrrega de malaltia mental que acompanya les persones sensellar és feixuga, i així es va demostrar: fins a un 49% de les persones entrevistades mostraven depressió (*versus* el 7% en població general) i al voltant d'un 65% presentava patologia dual (trastorn mental amb abús de substàncies) *versus* el 3% general. Finalment, l'estudi va mostrar unes xifres esfereïdores respecte al fet d'haver patit agressions tant físiques (52%) com sexuals (25%) en l'any previ a l'entrevista, que malauradament són coherents amb les d'altres treballs publicats.[3]

> La Stefana* és una dona d'uns 50 anys, que no sabia castellà però es feia entendre i que seguia fumant malgrat l'operació pel seu tumor de pulmó. Ens va costar trobar-li un recurs després de la seva intervenció: en situació de carrer és extremadament difícil recuperar-se d'una operació. Ve de tant en tant a la consulta i la visito, sense cita, però no va als controls amb oncologia, i segueix encara sense cap lloc on pernoctar; és una nòmada que transita d'albergs a portals estossegant i ofegant-se. Sovint, quan les infeccions respiratòries la fan venir, l'hem derivat a urgències per l'alt risc d'empitjorar, però no ha tingut la paciència d'esperar-se i no sé si comprèn la importància d'atendre les recaigudes de les infeccions bronquials, que, si se li compliquen, la poden matar. Sap que la meva porta està oberta, però no sé si la podrà tornar a picar.

El fet de ser dona i migrada condiciona, sens dubte, malauradament, a incrementar l'exclusió social extrema i tots els riscs per a la salut que coneixem.

La pandèmia no ha fet més que agreujar la situació, com demostra un estudi del CIDOB[4] publicat el febrer de l'any passat, el qual posa de manifest que la COVID-19 i la declaració de l'estat d'alarma van fer que es paralitzessin tràmits d'estrangeria i de protecció, de manera que es van aturar processos administratius imprescindibles per a l'accés o el manteniment del permís de residència de persones migrades. Això, sumat a la pèrdua de feines precàries, va provocar que moltes persones migrades no poguessin pagar l'allotjament i perdessin l'habitatge. Tampoc cal oblidar l'increment de vulnerabilitat de les dones víctimes de violència masclista, que en el cas de les dones migrades encara els va suposar més dificultat per a la denúncia i es van veure abocades a una situació d'exclusió residencial severa.

L'accessibilitat restringida als serveis públics per part dels col·lectius sistemàticament discriminats contribueix a perpetuar-ne l'exclusió. I la dificultat en l'accés al sistema sanitari no n'és l'excepció. Cal exigir-nos i exigir als nostres dirigents que el mateix sistema sanitari no sigui un motiu més d'exclusió i temor, perquè com a ciutadans i administració no ens avergonyim de la manera com atenem les persones en situació de màxima precarietat. Els sanitaris no tenim ciutadans de primera o de segona, tenim davant persones per atendre que venen a buscar ajuda, i és la nostra feina oferir-los el millor de nosaltres i el millor dels recursos, però calen polítiques públiques clares i contundents que apostin per reduir unes quotes d'exclusió que, lamentablement, augmenten cada vegada més.

És des d'aquest compromís que va néixer la Jornada #SalutSenseLlar que va tenir lloc el passat mes d'octubre del 2022 al Col·legi de Metges de Barcelona, des d'un interès dels professionals per ajudar a visualitzar aquesta problemàtica, a cavall entre social i sanitària, i des d'on va sorgir el Grup de treball multidisciplinari #SalutSenseLlar, per impulsar canvis, per remoure consciències, per promoure millores en l'atenció sanitària per a les persones en aquesta situació.[5] Aquest equip de metges, infermeres, treballadores socials, farmacèutics, educadors de carrer, professionals de les entitats privades i membres de serveis públics ha elaborat un document que recull les dificultats en l'atenció sanitària i les propostes de millora, i serà presentat al Departament de Salut. Es tracta de propostes tan simples com augmentar la coordinació entre serveis i dispositius en favor de l'accessibilitat als recursos ja existents i la creació de recursos nous, bo i adaptant-hi les condicions d'accés per donar servei a les persones amb màxima vulnerabilitat.

Com a ciutadans, i com a professionals de la sanitat saber de l'augment d'aquesta realitat ens ha d'indignar i alhora remoure, ja que també és la nostra obligació reivindicar millors condicions de vida per als nostres pacients i reduir les barreres d'accessibilitat al sistema de salut. En aquests moments tenim a les mans una Proposició de llei al Parlament per fer front a aquest problema, la qual cosa representa una oportunitat única per canviar aquestes circumstàncies que ens urgeix impulsar entre tots. Cal buscar altaveus per recordar a aquells que tenen el poder pressupostari la importància de disposar d'una llar per a la salut i la vida de les persones, votin o no votin.

## Bibliografia


Aldridge, R. W. et al. (2018). Morbidity and mortality in homeless individuals, prisoners, sex workers, and individuals with substance use disorders in high-income countries: a systematic review and meta-analysis. *The Lancet*, vol. 391. https://bityl.co/MQnR.

Al-Shakarchi, N. J. et al. (2020). Cardiovascular disease in homeless versus housed individuals: a systematic review of observational and interventional studies. *Heart*, *106*(19), 1483-1488.

Col·legi Oficial de Metges de Barcelona. (2022.) Jornada #SalutSenseLlar. https://bityl.co/MQnV.

Fazel, S. et al. (2014). The health of homeless people in high-income countries: descriptive epidemiology, health consequences, and clinical and policy recommendations. *The Lancet*, vol. 384 (9953), 1529-1540.

Ribera-Almandoz, O., Sales Campos, A., i Garcés Mascareñas, B. (2021). Precarietat i exclusió residencial en la població migrada en temps de COVID-19. *CIDOB Briefings*, *26*. https://bityl.co/MQnY
Roca, D. et al. (2022). Análisis de la salud de la población sin hogar de un distrito desfavorecido de Barcelona. Estudio ESSELLA. *Atención Primaria*, *54*, 102458.
Análisis de la salud de la población sin hogar de un distrito desfavorecido de Barcelona. Estudio ESSELLA - ScienceDirect. *The health of homeless people in high-income countries: descriptive epidemiology, health consequences, and clinical and policy recommendations - The Lancet.*

## Notes

1. Aldridge et al, 2018, i Al-Shakarchi et al, 2020.
2. Roca et al., 2022.
3. Fazel et al., 2014.
4. Ribera-Almandoz, Sales i Garcés, 2021.
5. Col·legi Oficial de Metges de Barcelona, 2022.

# XVIII. FER FRONT AL SENSELLARISME I ERRADICAR-LO: APUNT ÈTIC

Ester Busquets Alibés
Professora d'Ètica de la Universitat de Vic – Universitat Central de Catalunya

Montesquieu, el pensador francès que va escriure l'obra mestra *L'esperit de les lleis* (1748), afirmava, de manera molt encertada, que «una cosa no és justa perquè ho digui una llei, sinó que ha de ser llei perquè és justa». Aquest és, precisament, el principi que hi ha dessota la justificació de la Proposició de llei de mesures transitòries i urgents per a fer front i erradicar el sensellarisme. Intentar posar remei a un drama social mitjançant el garantiment d'un espai residencial digne a totes les persones que no disposen d'habitatge s'ha d'assegurar per llei, perquè, humanament, és un acte de justícia. Una *llei justa*, o, el que seria el mateix, una *llei bona* és aquella que defensa valors ètics i protegeix drets fonamentals.

El que fonamenta els drets humans —i disposar d'un habitatge on viure és un dret humà— és el valor de la dignitat humana. El terme *dignitat* prové del llatí *dignitas* i significa «ser mereixedor/a de respecte». La dignitat no ve donada pel lloc que ocupem a la societat, pels béns materials que posseïm, per la bellesa que podem exhibir o per si ajustem o no el nostre comportament a unes normes establertes. La dignitat és una qualitat que qualsevol ésser humà mereix pel fet de ser ésser humà. Kant, el filòsof il·lustrat, en el seu imperatiu categòric formulat en la *Fonamentació de la metafísica dels costums* (1785), assenyala que hem de tractar tothom sempre com un fi i mai com un mitjà. Kant també es va referir a les persones com aquells éssers que tenen dignitat en comptes de preu. La dignitat és quelcom que ens devem els uns als altres. Avui el respecte a la dignitat també s'inscriu en les noves propostes de la filosofia de la cura, que reclamen col·locar la cura en el centre de l'organització social. Cuidar implica proporcionar tot allò que cal per al benestar i el desenvolupament de la vida. Per això les persones a qui manca un espai residencial on viure mereixen la màxima consideració i respecte, o, el que és el mateix, mereixen que se les cuidi socialment, perquè tenen dignitat.

El reconeixement de la dignitat humana té una dimensió legal i una dimensió moral o ètica. Aristòtil, en els orígens de la filosofia pràctica, afirmava que els legisladors de les polis gregues es fixaven més en l'amistat que en la justícia, perquè «si els ciutadans són amics, no els cal la justícia; però si són justos, volen igualment l'amistat». El concepte d'*amistat cívica* perfilat pel filòsof grec no només possibilita la pau social, sinó que també engloba un moviment polític radicalment igualitari i combatiu. És cert que quan en una societat hi regna l'*amistat cívica*, o diguem-ne també *respecte*, *solidaritat*, *cura*, les lleis es fan menys necessàries, però quan es difumina o s'esvaeix —com passa tan sovint— les lleis esdevenen imprescindibles per exigir el compliment d'uns deures morals. Les qüestions de dret s'imposen i no depenen del grau de bona voluntat de cadascú.

És així, les lleis imposen, però no sempre convencen. Aquest fet no és banal. Encara que sembli que les normes jurídiques que protegeixen drets fonamentals són més eficaces que les normes ètiques, que depenen del mateix subjecte autònom, el que veiem és que la capacitat protectora de les lleis és limitada. Les lleis es poden eludir, ignorar, manipular i tergiversar; a vegades fins i tot ho poden fer els mateixos artífexs de la legislació. Per això la garantia que els drets fonamentals es respectin consisteix en el fet que les persones, incloses les que legislen, estiguin convençudes i interioritzin que els drets humans són drets valuosos i, en conseqüència, s'han de respectar en lloc d'ignorar-los o trepitjar-los. D'aquí que es digui que una convicció moral té més força que mil lleis. Per protegir els éssers humans, especialment els més vulnerables, és més important educar en la convicció que imposar una obligació.

En aquest sentit és imprescindible que les lleis que garanteixen drets socials vagin acompanyades d'accions pedagògiques entre la ciutadania. Més ara que aflora amb força l'opció política de l'extrema dreta que s'aprofita de la desgràcia dels altres, i de les lleis que els poden afavorir, per estigmatitzar col·lectius vulnerables, generar més exclusió i desigualtat, i caçar vots sense cap escrúpol, precisament, anant en contra de determinades lleis de caràcter humanitari. El discurs de l'extrema dreta s'alimenta amb les injustícies que provoquen el sensellarisme, en lloc de combatre'n les causes. No es pot negar que aquesta normativa per arremetre l'exclusió residencial és necessària i indispensable, i representa un avanç en el reconeixement dels drets humans i la dignitat fonamental, però no es pot oblidar que més enllà del reconeixement jurídic s'ha de vetllar també pel seu reconeixement social. L'aprovació d'una llei que exigeix la fi del sensellarisme ha de generar consciència social davant les causes que provoquen l'exclusió residencial i promoure el compromís per defensar els drets de les persones mancades d'una llar. Protegir, cuidar i millorar la vida de totes les persones, directament i/o a través de les institucions, és el que humanitza una societat.

La Tipologia Europea de Sensellarisme a la qual fa referència la Proposició de llei de mesures transitòries i urgents per a fer front i erradicar el sensellarisme s'anomena ETHOS

(*European typology of homelessness and housing exclusion*), un acrònim que més enllà dels aspectes tècnics d'una classificació ens connecta amb els orígens de l'ètica i amb els fonaments ètics d'aquesta llei en tramitació. En grec la paraula *ètica* (*êthos/éthos*), en sentit etimològic, significa *llar*, *residència*, *costum*, *caràcter*. És en aquesta llar social, en la comunitat política, on segons Aristòtil adquirim els costums moralment bons i podem forjar un bon caràcter que ens permeti arribar a ser justos. Pels filòsofs grecs la justícia era tan important que Plató en el *Gòrgias* (s. IV aC) li fa dir a Sòcrates que «és preferible sofrir una injustícia que cometre-la». La normativa jurídica per fer front al sensellarisme i erradicar-lo, i torno a Montesquieu, «ha de ser llei perquè és justa», o perquè és preferible evitar una injustícia que cometre-la.

# PART DOCUMENTAL

# PRESENTACIÓ DE LA PROPOSTA DE TEXT LEGAL AL PARLAMENT DE CATALUNYA

En aquest subapartat del llibre reproduïm els textos que serviren de base dels tres discursos que, amb motiu del lliurament de la proposta de text legal als set grups parlamentaris que decidiren tramitar-la com a proposició de llei, foren pronunciats en la conferència de premsa tinguda el dia 25 de gener de 2022, a la sala de premsa del Parlament de Catalunya, just abans de l'entrada de la Proposició de llei en el Registre del Parlament. Vídeo de la conferència de premsa a:

# XIX. ORÍGENS I MOTIVACIONS DE LA PROPOSTA DE TEXT LEGAL

Jaume Castro
Responsable de la Comunitat de Sant'Egidio a Barcelona

Ara fa quatre anys, el catedràtic de Dret administratiu de la Universitat Autònoma de Barcelona, Sr. Antoni Milian, a qui agraïm la iniciativa i la coordinació de tot el procés, va proposar una llei per defensar els drets de les persones sense llar. La Fundació Sant Joan de Déu, Arrels Fundació, Càritas Catalunya, la Fundació ASSÍS i la Comunitat de Sant'Egidio, organitzacions que coneixem i quotidianament estem al costat de qui viu al carrer, ens vàrem comprometre en aquesta proposta. Amb el temps s'ha anat creant un moviment de la societat civil, amb implicació de les institucions i els partits polítics, que culmina en una primera fase en la presentació d'aquesta Proposició de llei.

Com a ciutadans de ple dret que són, les persones sense llar tenen els mateixos drets que tothom; però, tot i la seva vulnerabilitat, a diferència d'altres col·lectius fràgils o tradicionalment discriminats i maltractats, no gaudeixen d'una llei específica que es proposi corregir la seva situació precària. Les persones sense llar són els grans oblidats de la nostra societat.

La Proposició de llei de mesures transitòries i urgents per a fer front i erradicar el sensellarisme vol omplir aquest buit legal. Constitueix el marc general, però alhora de solucions concretes, per afrontar el sensellarisme. La llei ha estat possible gràcies a una sinergia reeixida entre la societat civil, institucions i el món acadèmic. El resultat és un cos legislatiu sòlid, format per 49 articles i 21 disposicions —entre addicionals i finals—, valorat i elogiat pels experts. És una llei, pionera en el context legislatiu europeu, que pot constituir un nou fonament en la vertebració de l'estat del benestar.

A través del dret, es vol assegurar la dignitat i la humanitat de les persones sensellar. La llei introdueix el concepte d'espai residencial digne com un mínim comú denominador per assegurar a tots els ciutadans unes prestacions que garanteixin un sostre i una vida digna i sostenible. Sense ser una llei d'habitatge, posa els instruments que han de fer possible els mitjans per arribar a un habitatge.

Al mateix temps, la llei vetlla per algunes necessitats bàsiques de les persones que viuen al carrer, que passen la nit en recursos nocturns o que viuen en equipaments específics per a persones sense llar; garanteix l'accés al sistema públic de serveis socials i a l'assistència sanitària, i fomenta l'exercici del dret a les prestacions socials. Assegura l'empadronament i d'altres serveis menors però fonamentals, com són disposar d'un títol de transport i utilitzar els serveis de consigna, bugaderia i dutxa. Es preveu també, entre d'altres, assegurar el dret als serveis funeraris i el dret a l'espai públic, i es prohibeix explícitament que les ordenances tipifiquin com a infracció administrativa la pràctica de la mendicitat.

En definitiva, la llei recull els drets dels sensesostre, n'assegura el compliment per tenir una vida digna i posa els instruments encaminats a mitigar les dificultats d'aquestes persones.

El COVID-19 ha revelat moltes de les fragilitats de la nostra societat, i les persones sense sostre són els primers que les pateixen. Aprovar aquesta llei pot constituir un bon inici per encetar un temps nou i començar a construir la nostra societat a partir dels més pobres. Quan se'ns diu que ens quedem a casa, què fan els que de casa no en tenen? Jonathan Sacks, un intel·lectual anglès, afirma: «Un país és fort quan té cura dels febles, s'enriqueix quan s'ocupa dels pobres, esdevé invulnerable quan es fa càrrec dels més vulnerables.»

La força d'un país, la seva riquesa i la seva invulnerabilitat es consoliden quan s'afronten els problemes dels més pobres. Si es veuen i es resolen els seus problemes, es podran afrontar els de tots. Si repensem la societat a partir dels últims, ho fem per a tothom. Per això creiem que aquesta llei és necessària i decisiva per a les persones sense llar, però també per a tothom. És un indicador d'una societat que es vol repensar a partir dels últims, perquè es vol ocupar de tots.

Per això és molt rellevant que tots els grups parlamentaris presentin aquesta proposta de llei per unanimitat. La seva disponibilitat i la seva sensibilitat han fet que ens retrobéssim amb un discurs comú. Estem segurs que avui comença una nova fase perquè la llei sigui discutida i aprovada al Parlament de Catalunya i les persones sense sostre puguin veure acomplerts els seus drets.

# XX. NOVETATS QUE APORTA LA PROPOSTA DE TEXT LEGAL

Salvador Maneu Marcos
Director de Sant Joan de Déu Serveis Socials Barcelona

Enllaçant amb la intervenció d'en Jaume Castro, voldria destacar alguns aspectes de la Proposició de llei que avui es presenta, que ens semblen rellevants, sobre el procés seguit fins al dia d'avui i sobre el contingut de la norma.

## Sobre el procés

**En primer lloc, pensem que estem davant una aliança inèdita del món acadèmic i del tercer sector social**. Vull destacar novament l'aliança de les cinc entitats avui presents amb la UAB i la UB. Sens dubte, estem davant una aliança inèdita que obre un camí nou, una nova manera de la societat civil de defensar col·lectius tan fràgils com les persones sense llar. Reivindiquem un marc normatiu i a la vegada fem una proposta concreta ben plantejada i rigorosa com a punt de partida.

**En segon lloc, cal donar valor a la suma de complicitats fins a arribar avui al Parlament de Catalunya.** En el transcurs dels darrers tres anys s'han buscat adhesions i complicitats per tal que aquesta Proposició de llei compti amb un ampli suport del tercer sector social, els col·legis professionals i les entitats municipalistes. També arribem avui aquí havent-nos reunit i havent escoltat tots els partits polítics i diverses conselleries i direccions generals. Ens hem sentit escoltats i respectats. Gràcies a tothom.

El sensellarisme és un fenomen complex que només es pot abordar des de la cooperació d'esforços, des d'una voluntat col·lectiva i compartida de posar-hi fi. Per això estem confiats que aquesta sigui la llei de la legislatura.

**En tercer lloc, una consideració sobre la convivència i complementarietat de la Proposició de llei i l'Estratègia Integral per a l'Abordatge del Sensellarime del Govern.** Estem davant de dues iniciatives que es complementen i es reforcen mútuament. Ambdós instruments persegueixen la mateixa finalitat: posar fi al sensellarisme i millorar les condicions de la vida de les persones que el pateixen.

Des del nostre compromís diari amb persones sense llar, sabem de la importància de disposar d'estructures jurídiques sòlides per tal que les persones sense llar puguin tenir una vida digna.

En tot cas, la llei té vocació de transcendir la legislatura. I, un cop aprovada, serà un marc que donarà cobertura i suport al desplegament de l'estratègia.

Les entitats promotores de la Proposició de llei i, en general, el tercer sector agrupat entorn de la Taula d'entitats del Tercer Sector Social de Catalunya també estem compromeses en el ple desplegament de l'estratègia integral del Govern.

**La quarta consideració fa referència al cost econòmic de la llei.** Estem convençuts que serà una llei barata i amb un retorn social i públic molt alt. Fonamentalment perquè els subjectes beneficiaris de la llei són unes 18.000 persones en els propers cinc anys. Afortunadament, no estem davant una llei que comprengui el conjunt de la població catalana.

Cal afegir que no partim de zero. El Govern ha començat a destinar partides específiques aquest 2022 per respondre al sensellarisme a través dels contractes programa amb els ajuntaments; també estan previstes actuacions en matèria d'habitatge que acabaran beneficiant les persones sense llar, i alguns ajuntaments –com ara els de Barcelona, Girona o Lleida– fa anys que hi duen a terme una despesa significativa. Aquesta realitat de partida mitigarà l'impacte pressupostari de la llei un cop s'elabori la corresponent memòria econòmica.

Entrant ja en el contingut, els vull destacar tres apunts breus que posteriorment el Dr. Milian completarà amb una exposició més precisa i acurada del contingut de la norma que avui es presenta.

**Hem fet una aposta per una llei integral.** Amb la presentació d'aquesta Proposició de llei estem fent una aposta per una llei integral, i no una reforma de normes sectorials existents, que hauria estat insuficient per englobar totes les qüestions que el text que avui inicia la seva tramitació estableix.

Per altra banda, la llei preveu instruments i mesures específics i òrgans de coordinació administrativa de nova creació que no es poden encabir en lleis sectorials existents. A tall d'exemple: els plans d'actuació municipals, els recomptes i les enquestes per poder fer un mapa del sensellarisme a Catalunya, etc.

Finalment, la reforma de lleis sectorials ja existents comportaria una complexitat parlamentària excessiva que en una llei integral es resol amb diverses disposicions finals.

**Un segon apunt relatiu als destinataris de la llei, a qui s'adreça.** La llei no inclou totes les manifestacions del sensellarisme. S'adreça especialment a donar una resposta a aquelles persones que pateixen una situació de sensellarime més crònic, més dur, aquell que ens interpel·la per la seva cruesa. Ens hem centrat en les tres primeres categories de la classificació europea ETHOS, si bé també dona cobertura a les persones incloses a les categories quatre i set:

1. Persones que viuen a l'espai públic (sense domicili).
2. Persones que pernocten en un alberg i/o es veuen obligades a passar la resta del dia a l'espai públic.
3. Persones que romanen en centres de serveis o refugis específics per a persones sense llar que permeten diferents models d'estada.
4. Persones que viuen en refugis per a dones de manera temporal.
7. Persones que viuen en allotjament de llarga estada amb suport social.

Estimem que la llei pot acabar beneficiant unes 18.000 persones en els propers cinc anys.

**I, finalment, volem destacar l'avanç en l'equitat territorial en l'abordatge del sensellarisme.**

Qualsevol persona sense llar de les categories esmentades abans tindrà dret a rebre les prestacions i els serveis que la llei preveu visqui on visqui. A data d'avui això no és així, atès que la resposta social arreu de Catalunya és desigual i genera inequitats que calia corregir.

# XXI. CONTINGUT, INSTRUMENTS I NECESSITAT DE LA PROPOSTA DE TEXT LEGAL

Antoni Milian i Massana
Catedràtic de Dret administratiu
de la Universitat Autònoma de Barcelona

A través de les paraules que els han adreçat en Jaume Castro i en Salvador Maneu, en nom de les cinc entitats i de l'equip redactor —per cert, l'equip redactor que he dirigit estava format pel catedràtic Vicenç Aguado, de la Universitat de Barcelona, la doctora Lídia Pitarch, de la Universitat Autònoma de Barcelona, i les professores Almudena González i Raquel Prado, de la Universitat de Barcelona—, els hem precisat que la proposta pretén fer front i erradicar la situació de les persones que viuen al carrer i la de les persones que hi viurien si no fos que una entitat social o una administració pública els facilita un aixopluc.

Com pretenem aconseguir-ho? A través de la creació de la figura de l'espai residencial digne. Aquest és l'instrument clau de la nostra proposta.

Hem de partir dels mitjans de què disposem. Per això, l'espai residencial digne es construeix inicialment sobre la base de modalitats ja existents: pensió, hotel, alberg, establiment residencial i habitatge d'inserció.

De tota manera, i això ja és un avenç respecte de la situació actual, no qualsevol d'aquestes modalitats pot constituir un espai residencial digne. Cal que reuneixin una sèrie de requisits mínims. Per exemple, s'hi ha de poder accedir les vint-i-quatre hores del dia, cosa que actualment no succeeix en molts albergs, o han de tenir condicions per desenvolupar-hi la vida privada.

D'acord amb la proposta, tothom que viu al carrer i està empadronat té dret a l'espai residencial digne. Si no n'està, d'empadronat, és possible el recurs dels centres de baixa exigència.

I com articulem l'espai residencial digne? Doncs incorporant-lo com a prestació garantida en la Cartera de Serveis Socials.

Això vol dir que configurem el servei d'espai residencial digne com un dret subjectiu; és a dir, com a prestació que es pot exigir davant dels tribunals, en el cas que no es satisfaci. Aquesta és la via a través de la qual es pretén erradicar la situació de les persones que, en contra de la seva voluntat, es veuen obligades a dormir al carrer.

Evidentment, som conscients que, de les cinc modalitats d'espai residencial digne que he esmentat, únicament l'habitatge d'inserció compleix les condicions d'autonomia requerides per satisfer el dret a l'habitatge.

Per aquest motiu, el text que hem articulat preveu una dinàmica que permet el trànsit cap als habitatges d'inserció o figures afins i el successiu abandonament de les altres modalitats, especialment les de pensió, hotel i alberg, que en tot cas haurien de quedar com a residuals per a situacions d'emergència estricta. Per assolir aquest objectiu, la proposta estableix un període transitori més llarg, perquè es requereix disposar d'aquells habitatges. Amb l'itinerari cap als habitatges d'inserció la proposta obre el camí per posar fi a la situació de les persones que passen la nit en recursos nocturns, o que viuen en equipaments específics o en allotjaments de llarga estada amb suport social per a persones sense llar, que són les altres modalitats de sensellarisme més crònic objecte del text legal.

Observin que, per tant, la proposta consisteix en una llei que connecta amb la llei del dret a l'habitatge, però no és una llei d'habitatge. D'altra banda, els supòsits de sensellarisme objecte de la proposta requereixen moltes altres mesures de naturalesa diferent, que també recollim, especialment vinculades als drets socials.

Entre aquestes mesures, n'hi incorporem per facilitar l'exercici de drets ja existents (mesures de suport i d'acompanyament social, sanitari, psicològic o psiquiàtric) i creem nous drets —abans ja s'ha dit, però ho repeteixo per subratllar-ho—, com, per exemple, el dret a tenir una consigna, bugaderia, dutxa, o a disposar d'un títol de transport. Quantes vegades veiem una persona sense llar que va amb el carretó amunt i avall, fatigada, que no pot ni tan sols accedir al transport. Així mateix, garanteix el dret a l'espai públic. I això potser els sorprendrà: garanteix el dret a uns serveis funeraris mínims. Per què? Perquè volem vetllar per la dignitat de totes les persones en tots els àmbits de la seva vida, també en el seu comiat.

Hi ha moltes altres qüestions, però no vull allargar-me. Per exemple, té present la violència per aporofòbia, encara que ja va ser tractada en la Llei d'igualtat de tracte i no-discriminació que va aprovar aquest Parlament a finals del 2020. Esmento també que s'hi recull la previsió de la col·laboració de les corporacions de dret públic, en especial el Consell de l'Advocacia i els Col·legis d'Advocats de Catalunya, amb les administracions públiques per formalitzar convenis de col·laboració destinats a garantir l'orientació, l'assessorament i la defensa jurídics de les persones en situació de sensellarisme.

Hi ha mesures que, lògicament, tenen vocació transitòria, atès que l'objectiu, com hem dit, consisteix a suprimir el sensellarisme més crònic.

Òbviament, també s'hi recullen mesures orientades a garantir-ne l'aplicació. En aquest sentit, creem els plans d'actuació municipal contra el sensellarisme, els quals són l'instrument cabdal per governar el trànsit cap als habitatges d'inserció a què abans m'he referit. Nosaltres proposem que aquests plans els hagin d'elaborar i aprovar els municipis més grans, amb més de 20 persones en situació de sensellarisme. En tant que instrument clau, el contingut dels plans és ampli. Abraça des de la previsió de totes les necessitats i exigències que requereix la perspectiva de gènere a l'àmbit del sensellarisme fins a articular els equips de carrer destinats a assistir transitòriament les persones sense sostre.

La proposta regula altres instruments. Em remeto a la nota de premsa que se'ls lliurarà després, per alleugerir la intervenció. També conté normes específiques per al supòsit dels episodis climàtics extrems i per a les situacions de crisi sanitària extraordinària, com ara patim.

Tampoc no hem negligit incorporar-hi algunes disposicions d'organització administrativa i de finançament dels serveis, ni la previsió de mecanismes destinats a garantir el compliment de la llei. Em refereixo, sobretot, a la tipificació d'infraccions administratives amb l'establiment de les sancions corresponents.

Ja hem insistit en el fet que l'elecció dels supòsits de sensellerisme que tractem no és ni arbitrària ni casual. Són supòsits que, per les seves característiques, permeten un tractament homogeni; que la seva especificitat permet fer-ne un tractament integral, i són els supòsits que, fins ara, a diferència de les altres categories de sensellarisme, estan orfes —i ho destaco, estan orfes— d'una regulació legal substantiva que els empari.

No voldríem acabar sense subratllar la importància de l'esdeveniment d'avui. Hem lliurat la proposta de text legal als grups parlamentaris presents en aquesta sala, i ells s'han responsabilitzat d'entrar-la en el Registre del Parlament de Catalunya com a proposició de llei perquè hi sigui tramitada. Un acte senzill, però d'enorme transcendència, perquè farem front finalment a una realitat que sovint observem de reüll, perquè ens fa mal mirar-la, i que habitualment esquivem.

Estem contents, perquè estem convençuts que tramitar i aprovar un text encaminat a erradicar el sensellarisme més crònic és avui un deure moral urgent i inajornable. En l'exposició de motius hi hem escrit, perquè ho creiem, parafrasejant unes paraules de Martin Luther King, que el sensellarisme «no tan sols corroeix les persones [...] que el pateixen [...], sinó que també corroeix moralment tota la societat que el tolera».

Permetin-me que aprofiti aquesta conferència de premsa per expressar, en nom de les cinc entitats promotores i de l'equip redactor de la proposta, el nostre agraïment als grups parlamentaris presents en aquesta sala per la seva decisió d'entrar-la com a proposició de llei en el Registre del Parlament.

Gràcies, de debò, per obrir el camí per a la tramitació parlamentària de la nostra proposta, que des d'avui ja és de tots; ens comprometem a donar-los suport; estem convençuts que de la tramitació en sortirà una magnífica llei, i els encoratgem a aprovar-la al més aviat possible, perquè ens agradaria —tant de bo— que a finals d'aquest any, i és que el tema és urgent, pogués estar plenament vigent.

# TEXT DE LA PROPOSICIÓ DE LLEI

A través d'aquest codi QR s'accedeix al text de la Proposició de Llei de mesures transitòries i urgents per a fer front i erradicar el sensellarisme, reproduït al *Butlletí Oficial del Parlament de Catalunya* de l'11 d'abril de 2022, p. 27-80. Aquest text, aprovat pel Ple del Parlament de Catalunya per ser tramitat posteriorment a la Comissió de Drets Socials, en la sessió tinguda el 6 d'abril de 2022, en realitat correspon a una esmena a la totalitat amb text alternatiu. Pot sorprendre que el Ple aprovés una esmena a la totalitat poc temps després d'haver entrat la Proposició al Registre del Parlament de Catalunya. La raó d'aquesta esmena la trobareu explicada en la nota 13 de la contribució «Presentació del llibre. Per què cal una llei per a fer front i erradicar el sensellarisme?», que hi ha al començament d'aquest volum, a continuació del pròleg.

# MATERIAL ELABORAT POSTERIORMENT PER L'EQUIP TÈCNIC I LLIURAT A LA PONÈNCIA DEL PARLAMENT DE CATALUNYA

A través d'aquest codi QR s'accedeix al material que, amb la voluntat de perfeccionar el text de la Proposició de llei de mesures transitòries i urgents per a fer front i erradicar el sensellarisme, ha elaborat l'equip tècnic per lliurar-lo a la ponència de la Comissió de Drets Socials que tramita la Proposició de llei. L'equip tècnic s'explica en l'apartat «Agraïments» de la contribució «Presentació del llibre. Per què cal una llei per a fer front i erradicar el sensellarisme?», que forma part d'aquest volum, on a la vegada se n'exposa, a la nota 84, la composició.

# TEXT DE LA PROPOSICIÓ DE LLEI PRESENTADA EN LA LEGISLATURA ACTUAL

Mitjançant aquest codi QR s'accedeix al text de la Proposició de llei de mesures transitòries i urgents per a fer front al sensellarisme i erradicar-lo publicat al *Butlletí Oficial del Parlament de Catalunya*, núm. 172, de 10 de març de 2025. Aquest text, que es correspon amb el que hem lliurat als grups parlamentaris, és pràcticament idèntic al que es tramitava en la legislatura anterior i que es pot consultar a través del codi QR de la pàgina 207. Com s'explica en la nota introductòria que encapçala aquesta segona edició del llibre, la versió d'ara consisteix en la versió de la legislatura anterior amb les correccions que hem considerat inexcusables, sigui perquè calia corregir-hi algun error, sigui perquè era imprescindible cobrir alguna llacuna localitzada en el text.

# DOCUMENT LLIURAT ALS GRUPS PARLAMENTARIS ON CONSTEN LES CORRECCIONS INTRODUÏDES AL TEXT DE LA PROPOSICIÓ DE LLEI PRESENTAT EN LA LEGISLATURA ANTERIOR I QUE, PER TANT, FIGUREN EN EL TEXT PRESENTAT EN LA LEGISLATURA ACTUAL

A través d'aquest codi QR es pot consultar el document que lliuràrem en aquesta legislatura als grups parlamentaris, juntament amb el text de la Proposició de llei, per indicar-los les correccions que, a fi d'elaborar la nova versió de la Proposició, havíem introduït al text tramitat en la legislatura anterior. En el document també es fa un suggeriment relacionat amb els subjectes beneficiaris de la Proposició que consisteix a proposar-ne l'ampliació amb la incorporació de les persones compreses en la categoria operativa 11 de la tipologia ETHOS. Aquestes persones són les següents (en prenc la versió anglesa): 11. People living in temporary / non-conventional structures.